5일간의

화성 여행

GOOGLE EARTH DE IKU KASEI RYOKO
by Kazuhisa Goto and Goro Komatsu

First published 2012 by Iwanami Shoten, Publishers, Tokyo.
This Korean language edition published 2015
by Changbi Publishers Inc., Paju
by arrangement with the proprietor c/o Iwanami Shoten, Publishers, Tokyo.

5일간의
화성 여행

고토 가쓰히사 · 고마쓰 고로 지음
박숙경 옮김
문홍규 감수

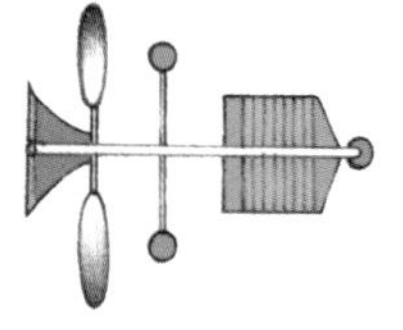

창비

- 차 례 -

들어가며

화성에 가 보고 싶다. 그렇게 생각한 적은 없나요? 저는 붉게 물든 화성을 물끄러미 보다 '혹시 화성인이 있지 않을까……?' 하고 어린아이처럼 상상했던 것이 지금도 떠오릅니다.

하지만 대체 언제쯤 되어야 화성에 갈 수 있을까요? 화성 유인 탐사에 관해 말하자면, 아쉽지만 현재로서는 달을 직접 사람이 탐사했던 1970년대에서 그리 크게 진전하지 못했습니다. 물론 미국 항공 우주국(NASA)이나 유럽 우주국(ESA)에서 화성 유인 탐사를 계획하고 있지만 아직 실현될 기미는 보이지 않습니다. 따라서 우리가 화성에 관광을 갈 수 있으려면 앞으로 수십 년, 아니 백 년 이상 기다려야 할지 모릅니다.

그러나 화성 연구는 놀라우리만큼 발전하고 있습니다. 화성 궤도를 돌고 있는 궤도선이 보내오는 사진의 해상도는 무려 가로세로 25센티미터를 1픽셀에 담아낼 수 있습니다. 게다가 오른쪽 눈은 파랗고, 왼쪽 눈은 빨간 안경인 '적청 안경'을 쓰면 입체적으로 보이는 사진도 있지요. 이런 해상도라면 화성의 변화를 풍성하게 관찰할 수 있습니다. 또 초고해상도 사진을 포함한 화성의 사진은 구글 어스 같은 프로그램에서 제공하는데, 마치 화성을 여행하는 듯한 기분을 맛볼 수도 있습니다.

이 책의 목적은 최신 데이터와 연구 성과를 바탕으로 화성 연구를 소개하는 것입니다. 그러나 최신 데이터를 활용하더라도 화성의 역사나 연구사를 설명하는 것만으로는 화성이 얼마나 재미있는 곳인지 다 전달할 수 없으리라는 생각이 들었습니다. 그래서 화성에 여행을 간다고 하는, 과학 소설의 설정을 조금 가미해 보자고 마음먹었습니다.

배경은 오십 년 후입니다. 화성에 관광을 가기에는 조금 이른 시기일지도 모르지만, 우리의 기대도 담아 보았습니다. 화성 여행이 상업화되어서 인류가 가벼운 마음으로 화성에 갈 수 있게 된 시대라고 설정했습니다. 화성을 정말 좋아하는 '마쓰이'라는 이름의 고등학생이 가이드와 함께 화성으로 여행을 떠납니다.

현재 구할 수 있는 초고해상도의 입체 사진을 보며, 마치 실제로 여러분이 마쓰이와 함께 하늘과 땅에서 화성을 관광하는 것 같은 기분을 느낄 수 있길 바랍니다. 물론 여행안내서일 뿐만 아니라 우리처럼 지구와 행성의 지질학을 전공하는 연구자의 아이디어나

지식도 풍부하게 담았습니다. 또한 미래의 화성 무인·유인 탐사를 위해 현재 진행 중인 활동들과 더불어, 화성에 가고 싶어도 갈 수 없는 행성 지질학자들이 화성과 환경이 매우 유사한 지구의 오지에서 악전고투하며 조사하는 모습도 소개합니다.

책 말미에는 구글 어스를 이용해서 간단하게 화성의 사진을 보는 방법, 그리고 NASA와 ESA 같은 기관이 제공하는 사진을 열람하는 법도 담았습니다. 이 책에는 전부 싣지 못했지만 멋진 사진이 많이 공개되어 있으니 꼭 보셨으면 합니다.

그럼 이제부터 화성 여행을 함께 떠나 봅시다!

일러두기

1. 이 책에 수록된 입체 사진(3D ■■)은 적청 안경을 이용해 3차원으로 즐길 수 있습니다. 적청 안경은 왼쪽 눈에 붉은색, 오른쪽 눈에 파란색 부분을 대고 보면 됩니다.
2. NASA에서 제공받은 입체 사진의 캡션에는 2가지 사진 번호가 달려 있습니다. 입체 사진을 만들기 위해서는 일반 사진이 2장씩 필요하기 때문인데, NASA 홈페이지에서 원본 사진을 검색할 수 있습니다.

1. 화성을 향해 출발!

출발하는 날

오늘은 2062년 8월 2일. 고등학생인 마쓰이는 미국 뉴멕시코 주에 있는 우주 발사장에 와 있습니다. 이곳에서 가이드와 만나 그동안 꿈꿔 온 화성 여행을 떠나려는 참입니다.

마쓰이는 어릴 때부터 화성을 동경했기 때문에 행성 과학에 대한 지식이라면 누구 못지않다고 자부합니다. 그동안 저축한 돈과 고등학교 입학 선물로 부모님께 받은 돈을 합쳐, 학교를 일 년 휴학하고 화성 여행을 가기로 했습니다. 신문 광고지에 들어 있던 화성 여행 일정에 따르면, 출발 전과 귀환 후에 이 우주 발사장에서 이틀씩 머물며 주의 사항을 듣고 훈련도 받습니다. 그러고 나서 화성으로 떠나는 것인데, 화성까지 왕복하는 데만 일 년 정도 걸리는 데 반해 실제 화성에 머무는 것은 겨우 닷새입니다. 우주선(宇宙線)•을 너무 많이 쬐기 때문에 아직 그 이상 머무를 수 없다나요. 그래도 지구가 아닌 다른 행성에 갈 수 있는 여행 상품이라 예약하기가 쉽지 않습니다. 비용은 대충 50만 엔(약 500만 원). 고등학생인 마쓰이에게는 만만치 않은 돈이지만, 십 년 전 물가와 비교해 보면 살짝 호화로운 해외여행과 비슷한 가격입니다.

저, 마쓰이 학생이지요? 안녕하세요. 이번 화성 여행에서 안내를 맡은 고마쓰라고 합니다. 잘 부탁드립니다. 미리 보내 드린

• **우주선** 우주에서 끊임없이 쏟아지는 매우 높은 에너지의 입자를 이르는 말. 방사선 등이 포함되어 있어 인체에 치명적일 수 있다.

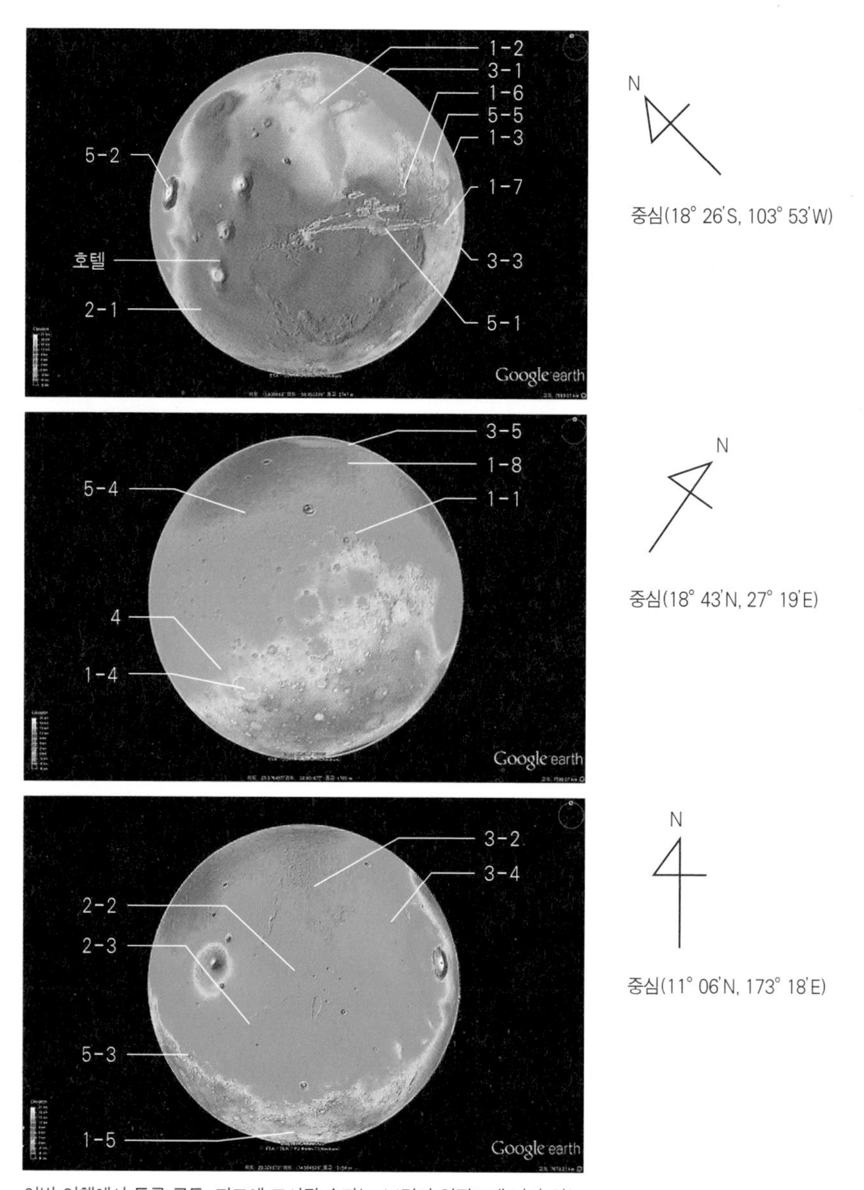

이번 여행에서 들를 곳들. 지도에 표시된 숫자는 14면의 일정표에 나와 있는 방문지이다. 빨간색은 고도가 높은 지역이고 파란색은 고도가 낮은 지역이다. 각 지도의 오른쪽에는 중심점의 대략적인 좌표를 적어 놓았다.

• 여행 일정표 •

일정과 지도의 번호		위도와 경도	해설
첫째 날	1-1	42.2N, 50.5E	빙하의 흔적
	1-2	20.8N, 287.4E	카세이 계곡의 침식 계곡
	1-3	3.1N, 340.2E	아레스 계곡의 카오스 지형
	1-4	0.9S, 13.9E	스키아파렐리 크레이터
	1-5	72.7S, 135.1E	남극의 얼음층
	1-6	4.5S, 297.6E	유벤테 협곡의 지층
	1-7	23.8S, 326.4E	에베르스발데 크레이터
	1-8	70.5N, 103.0E	북반구 저지대
둘째 날	2-1	33.3S, 222.7E	용암이 삼켜 버린 크레이터
	2-2	26.3N, 173.6E	사슬처럼 늘어선 작은 산
	2-3	9.9N, 158.3E	케르베로스 포사
셋째 날	3-1	40.5N, 332.0E	이화산
	3-2	50.2N, 184.5E	램파트 크레이터
	3-3	21.6S, 320.4E	모래 언덕 1
	3-4	35.8N, 207.5E	더스트 데빌
	3-5	78.0N, 84.0E	모래 언덕 2
넷째 날		1.9S, 354.5E	오퍼튜니티가 지나간 길(육로)
다섯째 날	5-1	11.4S, 287.2E	마리너 계곡
	5-2	18.3N, 226.8E	올림퍼스 산
	5-3	5.0S, 137.7E	게일 크레이터
	5-4	40.7N, 350.5E	메사
	5-5	3.0N, 316.7E	샬바타나 계곡

팸플릿은 훑어보셨나요?

물론이지요.

일정표에 적혀 있듯, 이번 여행의 일정은 닷새간 진행됩니다. 가는 장소는 지도에도 쓰여 있으니 확인해 주세요. 첫째 날부터 셋째 날까지는 제가 추천하는 장소에서 화성의 역사를 공부하는 답사, 넷째 날은 화성 탐사 로봇 오퍼튜니티가 지나갔던 길을 차로 달리기, 그리고 마지막 날인 다섯째 날에는 올림퍼스 산 같은 유명한 관광지를 가 보는 일정으로 짜여 있습니다.

재미있겠네요! 일정표에 있는 위도와 경도는 어떻게 활용하면 되나요?

여행 기간 중 컴퓨터를 빌려 드립니다. 구글 어스가 설치되어 있으니 화성을 표시한 상태에서 위도와 경도를 입력하면 그 지점의 위성 사진이나 지형 정보 등을 볼 수 있답니다. 숫자 뒤에 붙은 N과 S는 북위와 남위라는 뜻이고, E는 동경입니다. 구글 어스를 사용하는 방법은 안내서의 마지막 부분에 있으니 읽어 보세요.(121면의 「부록」 참조)

지구처럼 화성에도 좌표가 있군요. 그런데 도착할 때까지 우주선에서 무엇을 하면 좋을까요?

이런저런 일을 할 수 있어요. 몸이 둔해지지 않도록 운동은 날마다 하세요. 기내식은 지구에서 가져가는 식재료로 동승한 주방장이 매일 맛있게 만들어 드립니다. 좋아하는 음식이나 싫어하는 음식은 미리 알려 주시고요.

괜찮아요. 저는 아무거나 잘 먹거든요.

팸플릿에서 잘 모르겠는 부분은 없었나요?

옷은 얇은 게 좋다고 쓰여 있는데, 화성은 평균 영하 50도 정도로 굉장히 춥지 않나요? 그런데 얇은 옷이 좋아요?

물론 화성은 아주 춥지만 우주복을 벗고 밖에 나갈 일은 없거든요. 우주복은 몸에 밀착되고 보온성이 좋기 때문에 얇은 옷을 입어도 상관없습니다.

그렇군요. 그리고 화성까지 가는 데만 반년이 걸린다는데, 이번에 탈 우주선은 더 빨리 날아갈 수 있다면서요. 그런데 이렇게나 시간이 오래 걸리나요?

좋은 질문이네요. 지구와 화성의 최단 거리는 5,500만 킬로미터 정도입니다. 팸플릿에 실려 있는 항로로 비행하는데요. 분명 현재의 기술로는 더 빨리 화성까지 갈 수 있지만 안전상의 이유로 속도가 제한되어 있습니다. 정확히 21세기 전반 무렵 로켓의 최고 속도와 비슷하게 화성으로 향한답니다.

화성에서 물이나 식재료는 어떻게 구하나요?

지금은 모두 현지에서 얻을 수 있습니다. 화성에도 얼음이 있고, 열을 가해 녹여서 물로 이용하고 있지요. 음식물도 작물을 재배하는 시설에서 얻은 신선한 식자재를 쓰고 있고요.

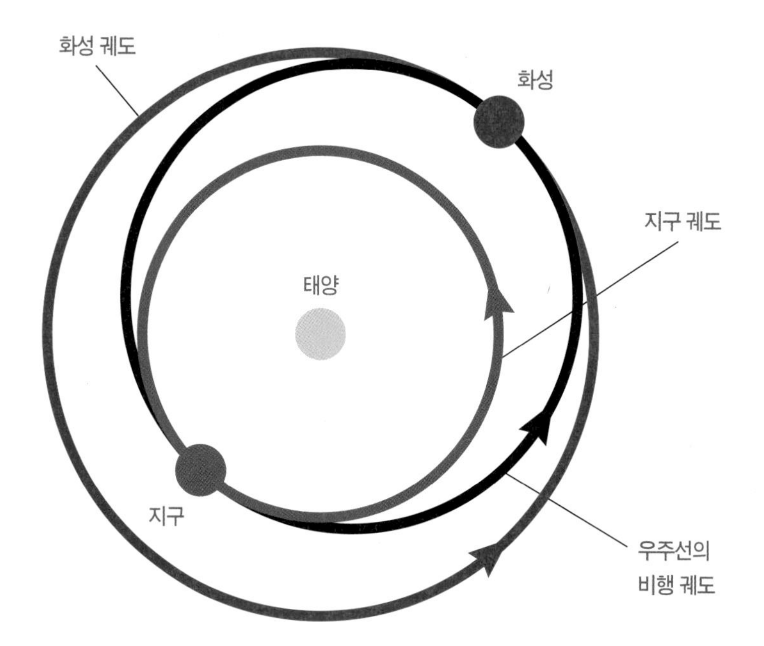

화성으로 가는 항로. 에너지 보존과 '호만 궤도'라 불리는, 궤도를 옮겨 타는 방법으로 화성까지 간다.

출발 전의 주의 사항

그럼 화성에 도착하기 전과 도착한 후의 일에 관해 간단한 주의 사항을 설명해 드릴게요. 우선, 우주 공간과 화성 표면에는 지구처럼 우주선(宇宙線)을 막아 주는 자기장이나 대기가 없기 때문에 지구에서보다 우주선에 많이 노출됩니다. 반드시 매일 피폭량•을 확인해 주세요. 그리고 화성 표면에 도착했을 때와 현지를 떠날 때, 살균 작업을 합니다. 지구에 돌아온 후에는 건강 검진을 반드시 받아야 하고요.

해야 할 일이 여러 가지 있군요.

그리고 화성은 중력이 지구의 3분의 1보다 작으니까 표면을 걸을 때 너무 높이 뛰어오르지 않도록 주의하세요. 지구에서처럼 걷기는 어렵지만 곧 익숙해질 겁니다.

화성 표면을 걷는다니, 정말 기대돼요!

정해진 코스를 돌아보는 일정입니다만, 혹시 가 보고 싶은 곳이 있나요?

21세기 초에 활약한 탐사 로봇 오퍼튜니티와 큐리오시티가 착륙한 지점에 꼭 데려가 주세요! 전 로버•를 정말 좋아하거든요.

알겠습니다. 그럼 그 두 장소는 일정에 넣어 둘게요. 자, 우주선에 탑승할 시간입니다.

• **피폭량** 물질이나 생명체가 받은 방사선의 양.

• **로버(rover)** 화성 지표를 돌아다니며 탐색하는 자동 탐사 로봇을 이르는 명칭.

우주선에 올라탄 마쓰이와 가이드. 드디어 로켓이 발사되고, 대기권 밖으로 나간 후 우주선이 분리되었습니다. 화성을 향한 긴 여행의 시작입니다.

2012년 8월에 화성에 착륙하여 탐사를 한 큐리오시티.
제공: NASA/JPL-Caltech

화성으로 가는 우주선 안에서

지구에서 꽤 멀어졌을 즈음, 마쓰이가 가이드에게 궁금한 점을 물어봤습니다.

저, 하나 묻고 싶은 것이 있는데요. 화성을 영어로 읽으면 '마스'와 '마즈', 어떤 게 올바른 발음인가요?

양쪽 다 올바르다고 할 수는 없어요. 일본인은 모두 마즈라고 발음하죠. 하지만 원래 로마 신화에 등장하는 전쟁의 신 '마르스'(Mars)에서 유래된 이름입니다. 마르스는 그리스 신화의 아레스와 같은 인물이라고도 하지요. 아레스의 두 아들 이름이 포보스와 데이모스인데 화성의 두 위성과 이름이 같답니다. 일본에서는 언제부터인가 마즈라고 부르는 것이 일반화되었는데, 서양인, 특히 유럽인은 어원 그대로 마스라고 부르지요.

그렇군요. 그리스 신화나 로마 신화에서 이름을 따왔다는 게 재미있네요.

시력이 좋은 사람이라면, 화성은 지구에서 맨눈으로 봐도 붉은 별로 보입니다. 고대부터 화성은 분노의 신이나 파괴의 신, 재앙을 부르는 별로 취급받아 왔지요.

확실히 지상에서 보면 다른 별과 다르게 불길해 보이긴 해요.

그런데 이쯤에서 화성의 지형에 관해 잠깐 설명할까요?

저도 대충은 알고 있지만, 재미있을 것 같으니까 가르쳐 주세요.

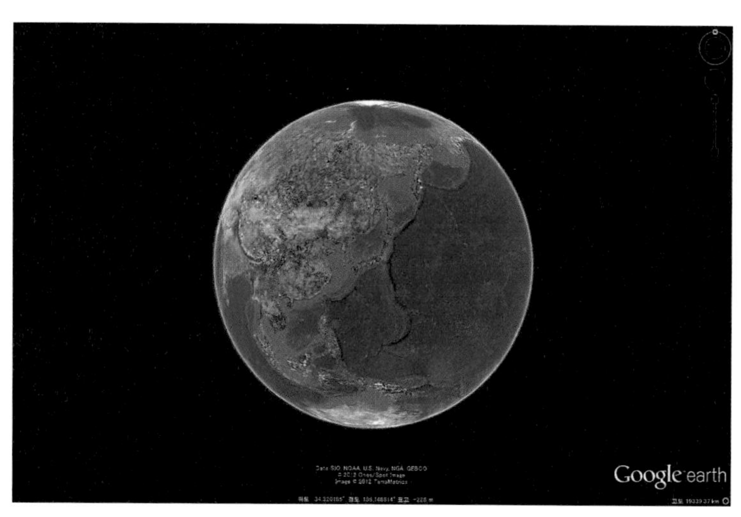

구글 어스로 본 지구. 표면의 3분의 2를 차지하는 푸른 바다가 지구의 가장 큰 특징이라고 할 수 있다.

화성의 지형

컴퓨터를 켜 보세요. 이 그림은 '몰라'•라고 하는 고도계가 측정한 값을 이용해 만든 지형 데이터입니다. 화성의 가장 큰 특징은 고도가 높은 남반구와 고도가 낮은 북반구(북반구 저지대라고 부름)로 나뉘어 있는 점입니다.

화성은 언제 생성되었나요?

지구와 마찬가지로 46억 년 전쯤이라고 추정합니다. 옛날에는 크레이터를 세어서, 그 수가 많은 장소일수록 오래되었다고 여기고 상대적으로 연대를 정했습니다. 오래된 장소일수록 천체 충돌이 많이 일어났을 거라는 이유였지요. 남반구 쪽이 크레이터가 많기 때문에 오래되었다는 사실을 알 수 있답니다. 그 밖의 특징은 지름이 2,300킬로미터인 헬라스 분지처럼 일본 열도가 모두 들어갈 만큼 매우 거대한 충돌 크레이터가 있다거나, 높이 27킬로미터로 태양계 최대의 화산인 올림퍼스 산이 있는 등, 지구와 견주어 규모가 크다는 점입니다.

어째서 그렇게 규모가 크지요? 지구의 지형이 훨씬 역동적일 거라고 생각했는데요.

지구와 화성이 걸어온 긴 역사와 관계가 있지요. 한마디로 말해서 판 운동이 일어나느냐에 달려 있는데, 수십억 년 전에 생긴 지형이나 화산이 남아 있는지 아닌지가 중요합니다. 화성은 너

• 몰라(MOLA, Mars Orbiter Laser Altimeter) 화성 정찰 위성에 탑재된 레이저 고도계. 지표면으로 레이저를 쏘고는 반사경을 이용해 고도와 상태를 측정한다.

무 작은 탓에 맨틀 대류가 일어나기 어려워서 판이 이동하지 않거든요.

그렇구나. 지구에서는 여러 가지 구조나 지형이 생겨도 판이 움직이는 탓에 다시 없어져 버리곤 하지요.

맞습니다. 자, 화성까지는 갈 길이 많이 남았으니 이제 편히 쉬세요.

몰라 데이터를 이용해 만든 화성의 지형도. 파란 부분은 고도가 낮은 곳이고, 붉은 부분은 고도가 높은 곳이다. 파랗게 물든 부분에 바다가 존재했을 것이라고 추측한다.

화성이 보이기 시작한다

지구를 떠난 지 벌써 육 개월. 화성에 꽤 가까워졌습니다.

창밖을 한번 보세요. 화성이 지구에서 올려다보는 달보다 크게 보이기 시작했어요.

진짜네요! 화성의 지름은 어느 정도인가요?

약 6,800킬로미터입니다. 지구의 지름이 1만 2,700킬로미터 정도니까 대략 절반이네요.

화성의 하루는 몇 시간이고, 일 년은 며칠 정도죠?

하루의 길이는 24시간 36분 정도라서 지구와 거의 같습니다. 일 년의 길이는 669화성일로, 지구의 하루로 따져 보자면 687일이 되지요.

왜 화성은 붉게 보이나요?

철이 녹슬어 붉게 된 것이라고 하지요.

녹슬었다는 말은 산소가 있다는 의미인가요? 화성의 대기는 지금 이산화탄소로 되어 있지요?

철분이 산화해서 만들어진 산화철 광물이 화성 표면에 먼지처럼 쌓여서 붉게 보인다고 합니다. 하지만 산화의 조건이 무엇이었는지는 아직 잘 모릅니다. 연구자들이 열심히 조사하고 있지요.

구글 어스로 본 화성. 지구와 달리 지표면에 액체 상태의 물이 존재하지 않는다. 붉은 대지가 화성의 특징이기도 하다.

화성 대기권에 돌입

드디어 우주선이 화성의 궤도에 다가갔습니다. 약한 중력 때문에 우주선이 끌려가는 것처럼 흔들리기 시작합니다.

슬슬 일어나세요. 드디어 대기권에 돌입합니다.

앗, 저기에 포보스가 보인다! 화성의 위성이지요?

잘 아시네요. 화성에는 포보스와 데이모스라는 두 개의 위성이 있는데, 포보스가 데이모스보다 크고 화성과 더 가까운 궤도를 돌고 있습니다. 더 크다고 했지만 가장 긴 축을 재어도 27킬로미터밖에 되지 않지요. 두 위성 모두 원래는 소행성이었지만 화성의 중력에 붙잡힌 것이라고 추정합니다.•

표면에 둥근 구멍이나 선이 잔뜩 보이는데 저건 뭔가요?

둥근 구멍은 소행성이 충돌해서 생긴 크레이터입니다. 선 모양의 도랑은 커다란 충돌이 일어났을 때의 충격으로 만들어진 게 아닐까 하고 있지요.

흠, 잘 깨지지 못했구나.

자, 이제 곧 화성의 대기권에 돌입합니다. 안전벨트를 매 주세요.

앗, 진짜다. 꽤 흔들리기 시작하네요.

• 두 위성의 기원에 대해서는 오래전 화성에 충돌한 소행성의 일부가 튕겨 나가 달처럼 궤도를 돌게 되었다는 설도 있다.

3D

화성의 위성인 포보스. 그리스 신화에 등장하는 공포의 신에서 유래한 이름이다. 지름은 27킬로미터.
제공: ESA/DLR/FU Berlin(G. Neukum)

체크인

조금 흔들렸지만 무사히 대기권에 진입한 우주선. 화성 상공을 둥글게 선회하고 호텔 가까이 있는 공항에 도착했습니다.

자, 화성에 도착했습니다. 긴 여행 피곤하셨지요?

아뇨, 음식도 맛있고 운동도 할 수 있어서 쾌적한 여행이었어요. 밀렸던 숙제도 전부 끝냈으니 마음 편히 여행을 즐길 수 있겠어요.

그럼 우선 호텔에 체크인하지요.

네, 그런데 호텔은 어디 있지요?

저기입니다.

저기? 둥근 구덩이가 두 개 보이긴 하는데…….

예, 저 구덩이 안에 호텔이 있습니다.

예? 더 경치 좋은 곳에 있는 게 아니고요?

아니요, 화성의 지표면은 우주선(宇宙線)이 강하고 너무 춥기 때문에 구덩이 속이 안전합니다. 저 구덩이는 용암 동굴이 무너진 것이라고 추측하는데요. 용암의 표면이 식어서 굳은 다음 아직 굳지 않은 용암이 그 아래를 흘러서 지하 동굴이 생겼고, 동굴의 천장 중 일부가 무너져서 구덩이가 된 게 아닐까 합니다.

일본이라면 후지 산 주변에 잔뜩 있겠네요. 확실히 깊어 보이긴 하는데요. 안쪽이 어떻게 되어 있는지 궁금해요.

3D

화성의 용암 동굴(6.7S, 240.5E). 오른쪽 구덩이의 지름은 250미터 정도이다(깊이는 불명).
제공: NASA/JPL/University of Arizona(PSP_005625_1730, PSP_005203_1730)

살균

화성에 도착한 마쓰이. 가이드의 안내로 짐을 가지고 호텔의 클린 룸으로 향했습니다.

이 방에서 무엇을 하나요?

살균을 합니다. 짐을 전부 꺼내 주세요.

살균? 화성에는 생물이 없을 텐데요. 혹시 화성에도 병을 일으키는 바이러스가 있나요?

아닙니다. 살균이 필요한 것은 우리 인간이지요. 우리의 몸과 짐에는 지구에서부터 따라온 미생물 따위가 잔뜩 달라붙어 있거든요. 이런 미생물이 화성의 지표면에 붙어 버리면 거꾸로 화성 환경이 오염될지도 모릅니다. 물론 우주복을 입고 이동하기 때문에 큰 걱정은 없습니다만, 국제 조약으로 정해져 있으니까 제대로 하는 게 좋답니다.

인간이 꼭 오염원 같네요. 하지만 말씀하신 게 맞아요.

살균을 마친 두 사람. 내일부터 시작될 여행에 대비해 계획을 다시 확인했습니다. 첫째 날부터 셋째 날까지는 가이드의 추천으로 화성의 역사를 배우는 답사, 넷째 날에는 마쓰이가 원한 대로 오퍼튜니티가 지나갔던 길을 차로 달리기, 그리고 마지막 다섯째 날에는 올림퍼스 산 같은 유명한 관광지에 가기로 했습니다.

2062년 8월 2일 미국 뉴멕시코 주 우주 발사장 출발

지질학자가 안내하는 화성 여행!

2. 닷새 동안의 화성 여행

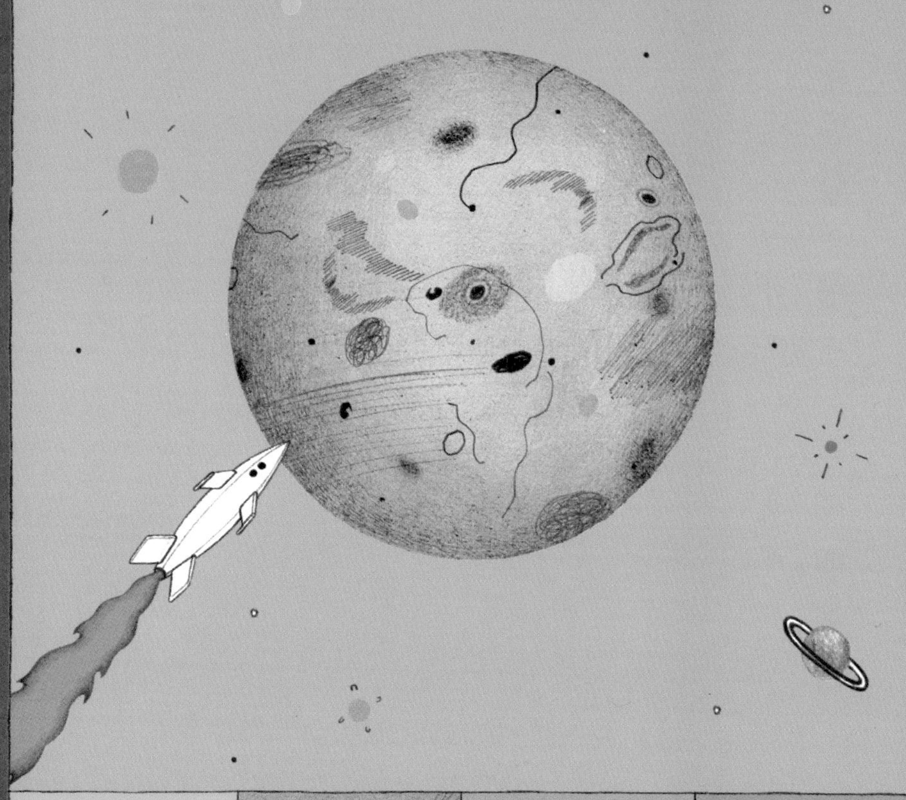

지구에서 화성까지
우주 여행 6개월

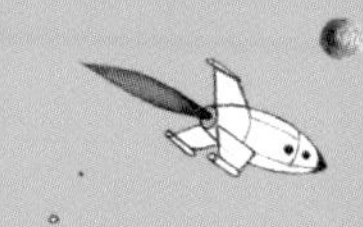

DAY 1~DAY 3

가이드 추천 코스,
화성 역사 답사!

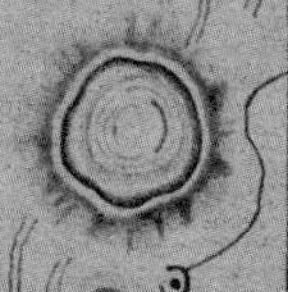

DAY 4

화성 탐험의 선구자,
오퍼튜니티의 뒤를 따라가다!

DAY 5

화성과의 작별,
올림퍼스 산에 오르다!

첫째 날 빙하가 흐른 뒤

다음 날 아침 상쾌하게 일어난 마쓰이가 하늘을 올려다보니 포보스와 데이모스, 두 개의 달이 희미하게 보였습니다. 얼른 가이드와 비행기에 올라 길을 나섰습니다.

자, 오늘의 주제는 '물'입니다. 아래를 봐 주세요.

앗, 무언가 흘러간 흔적이다. 물 같은 것이 토사와 함께 흘러간 듯한…….

저건 빙하가 흘러간 흔적이라고 추정합니다. 이러한 지형은 화성에서도 고위도 지역에 있는 높은 산들의 벽면에서 보이곤 하는데요. 이런 점도 지구의 빙하와 마찬가지지요.

빙하가 있었다니, 화성에는 얼음이 존재했다는 건가요?

예, 나중에 직접 보러 갈 테지만 얼음은 지금도 있답니다.

만약 날씨가 따뜻해진다면 얼음이 녹아서 물이 될 수도 있겠네요?

액체 상태로 물이 존재하려면 온도뿐 아니라 기압도 맞아떨어져야 하기 때문에 현재 화성에서는 어렵지만, 예전에는 화성에도 바다나 호수가 있었다고들 하지요.

예전이라면 어느 정도 과거인가요?

30억 년 이상 오래전입니다. 가장 가능성이 높은 것은 37억 년 전 이상이지요.

그렇게나 오래전이요? 하지만 지구에 바다가 생긴 게 38억 년 전쯤이니까 얼추 같은 시기네요. 지구에 생명이 탄생한 시기와 비슷하군요.

3D

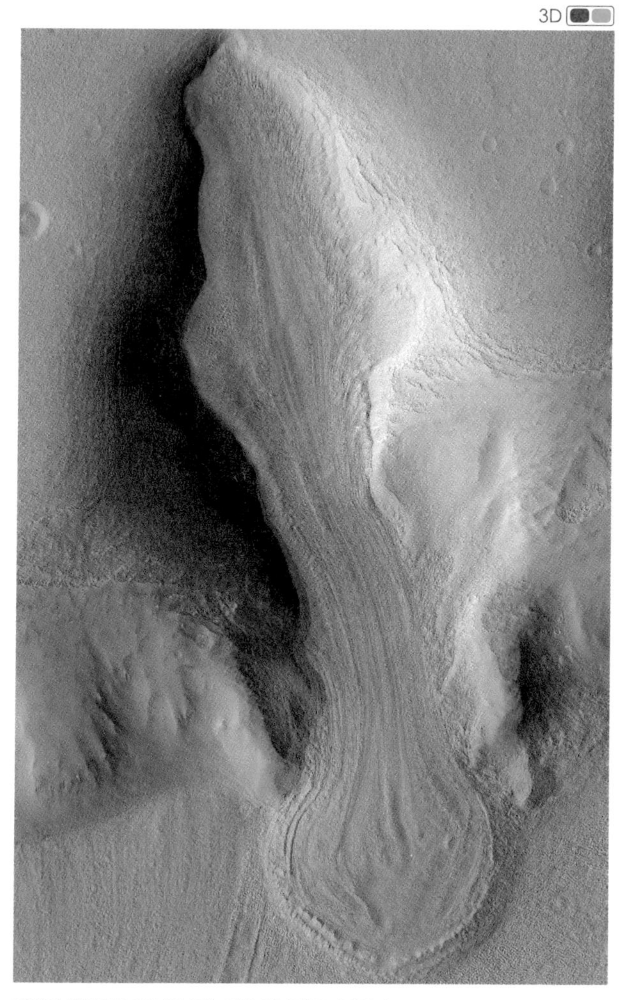

빙하의 흔적(42.2N, 50.5E). 폭은 약 1킬로미터이다.
고위도 지방에 있는 산 곳곳에서 발견할 수 있다.
제공: NASA/JPL/University of Arizona(ESP_018857_2225, ESP_019358_2225)

홍수가 조각한 계곡

화성 상공을 둥글게 선회해서 마리너 계곡을 지나치니 좁은 계곡이 보이기 시작했습니다.

여기는 카세이 계곡입니다. 전체 길이 약 2,000킬로미터, 폭은 최대 500킬로미터 정도이지요. 깊이도 최대 3킬로미터 정도이고요. 이 좁은 계곡은 그 일부랍니다.

예? 카세이 계곡? 일본어로 화성 계곡•이라는 건가요? 게다가 2,000킬로미터라면 일본의 혼슈•가 완전히 들어갈 정도잖아요.

예, 카세이 계곡은 침식 계곡이라 불리는 지형인데요. 큰 홍수가 일어나 대지를 단번에 깎아 버렸다고 추측한답니다.

미국에 있는 그랜드 캐니언처럼요?

그랜드 캐니언은 수백만 년 동안 하천이 지면을 천천히 깎아서 생긴 계곡이지만, 여기는 훨씬 짧은 시간에 만들어졌다고 생각됩니다. 지구의 북아메리카에 화산 용암 계곡이라는 지형이 있는데, 지금으로부터 수만 년 전 빙하가 녹아서 일어난 대홍수로 형성되었다고 하지요. 카세이 계곡은 그쪽과 더 비슷합니다.

음, 하지만 이런 계곡을 만들어 낼 정도로 많은 물이 흘렀다는 말이네요. 수량이 엄청났겠는데요.

지구에서는 판의 이동 같은 이유 때문에 생명이 탄생했을 즈

• **화성 계곡** 일본어에서는 '화성(火星)'을 '카세이(かせい)'라고 발음한다.
• **혼슈** 일본 열도에서 가장 큰 섬. 면적은 약 23만 제곱킬로미터로 한반도보다 조금 더 크다.

음의 지층이 거의 남아 있지 않습니다. 하지만 화성에는 38억 년 이상 오래된 지층이 잘 보존되어 있지요. 따라서 화성을 조사하면 지구에서는 알 수 없는 당시의 일을 알 수 있을지 모른답니다.

3D

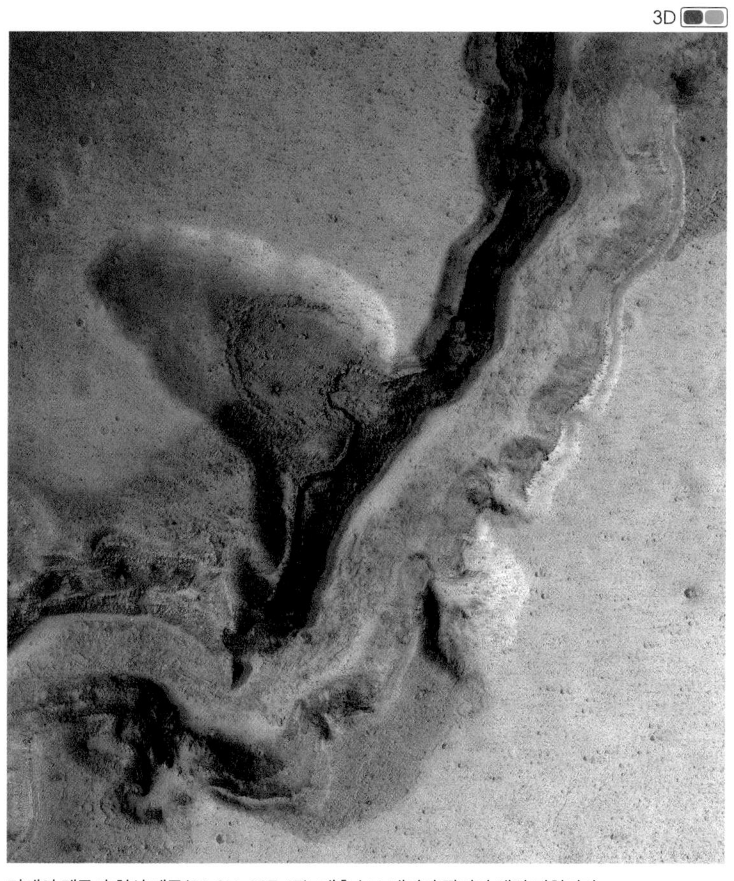

카세이 계곡의 침식 계곡(20.8N, 287.4E). 대홍수로 대지가 깎여서 생긴 지형이다.
사진 속 계곡의 폭은 약 1킬로미터이다.
제공: NASA/JPL/University of Arizona(ESP_024202_2010, ESP_024703_2010)

카오스 지형

아까 본 침식 계곡에 관해 더 여쭙고 싶은데요. 가만 생각해 보니 물은 어디서 왔나요? 지구처럼 비가 내리고 강이 생겨서 물이 흘렀던 건가요? 하지만 그랬다면 홍수처럼 큰 규모로 흘렀다는 것을 설명할 수 없고…….

재미있는 걸 알아차렸네요. 마침 지금 카세이 계곡처럼 침식 계곡이라 추측하는 아레스 계곡의 최상류 상공을 날고 있으니 여기에서 설명하지요. 아레스 계곡도 전체 길이 1,700킬로미터, 폭 25킬로미터, 깊이 1킬로미터 정도 됩니다. 내려다보면 울퉁불퉁한 언덕이 있을 텐데요. 무질서해 보이기 때문에 카오스 지형이라 부릅니다. 비슷한 지형이 이 주변에 넓게 펼쳐져 있는데요. 이곳의 지하에 가득했던 물이 분출되어 홍수가 일어난 게 아닐까 합니다.

물이 왜 분출되었을까요?

기후 변화나 마그마 활동 혹은 소행성의 충돌 때문에 지하의 얼음이 불안정해지면서 그 아래 모여 있던 물이 지표면으로 분출되었다고 보지만 아직 정확히는 모릅니다. 여기에서 흘러넘친 물이 장대한 아레스 계곡을 형성하고는 예전에 북반구 저지대에 존재했던 바다로 흘러갔을 거라고 추측하지요.

왜 물이 분출되었는지 연구해 보면 재미있겠네요. 대학에 가서 그런 연구를 할 수 있다면 좋겠어요.

3D

아레스 계곡의 침식 계곡 상류에 있는 카오스 지형(3.1N, 340.2E).
여기에서 물이 흘러넘쳐 대홍수가 일어났다.
제공: NASA/JPL/University of Arizona(ESP_023910_1830, ESP_024266_1830)

호수가 있었다?

앗, 크레이터 안에 나무 그루터기 같은 게 보여요. 크레이터가 파묻혀 있나?

저곳은 스키아파렐리 크레이터라고 합니다. 지름은 1킬로미터 정도이지요. 안쪽의 모양은 지층인데요. 한가운데를 향해 점점 높아져서 계단 모양을 이루고 있지요.

지층? 크레이터가 형성되고 나서 안쪽에 퇴적물이 쌓였다는 말이군요.

맞습니다. 여러 가지 의견이 있는데, 바람에 실려 온 지층이라든가 화산재가 내려앉아서 쌓였다든가 하는 의견도 있지만, 크레이터가 한때 물로 가득 차서 호수 같았을 때 그 바닥에 쌓인 퇴적물일 거라는 의견이 유력하답니다. 운석에 충돌해서 발생한 열로 한동안 지면이 뜨거웠고, 그 때문에 지하의 얼음이 녹아서 호수가 만들어졌다는 것이지요.

확실히 주변에서 흘러들어 온 하천은 없네요. 하지만 동심원 모양이 된 이유는 뭘까요?

두께가 수 미터에서 수십 미터인 지층이 겹겹이 쌓였는데 지층마다 조금씩 단단함이 달라서 풍화 속도에 차이가 생겼고, 그래서 계단 모양이 되었답니다. 예전에 화성에서 일어난 기후 변화 탓에 퇴적된 입자의 양과 질이 변한 게 원인이라고들 하지요.

그렇다면 기후가 바뀔 정도로 오랫동안 호수가 있었겠네요. 호수는 크레이터 안에만 있었나요?

아니요, 다른 곳에도 있었답니다. 마지막 날에 또 다른 호수의 흔적을 보러 갈 예정이에요.

3D

스키아파렐리 크레이터 안의 퇴적암층(0.9S, 13.9E).
일찍이 크레이터 내부에 호수가 있었다는 것을 보여 주는 증거이다.
제공: NASA/JPL/University of Arizona(ESP_016406_1790, ESP_017118_1790)

남극의 얼음

하얀 지층이 보이기 시작해요.

지금 남극 상공을 날고 있습니다. 아래에 보이는 것은 극관의 빙하군요. 극관이란 얼음으로 뒤덮여 있는 화성의 극지방을 말하는데요. 얼음이라고는 해도 이산화탄소로 된 얼음이 많습니다. 즉 드라이아이스지요. 물론 물이 언 얼음층도 있어요.

왜 지층처럼 줄무늬가 보이는 건가요?

극관의 얼음은 두께 10미터 전후의 밝은 얼음층과 어두운 얼음층이 번갈아 가며 쌓여 있기 때문에 줄무늬가 있는 지층처럼 보입니다. 색이 다른 원인은 얼음에 포함된 먼지의 양이라고들 하지요. 극관의 얼음층에는 화성의 기후가 어떻게 변화했는지 기록되어 있다고 추측합니다.

지구에서도 남극과 그린란드의 얼음을 파내서 채취한 시료로 기후의 변화를 조사했지요? 화성의 극관에서도 얼음을 깎아 시료를 얻는다면 여러 가지 사실을 알 수 있겠군요. 물론 극관은 북극에도 있지요? 아까 화성의 북반구 저지대에는 옛날에 바다가 존재했다고 하셨는데, 바다의 물이 지금은 극관의 얼음으로 변했을까요?

일부는 그럴지도 모르지요. 하지만 극관의 얼음이 전부 녹더라도 북반구 저지대를 바다로 만들기에는 물의 양이 모자라기 때문에 영구 동토•가 되어 지하에 숨어 있거나 소행성이 충돌했을 때

• **영구 동토** 일 년 내내 지층의 온도가 0도 이하로 항상 얼어 있는 땅. 지구에는 시베리아, 알래스카 등에 있다.

물의 일부가 대기권 밖으로 흩어져서 없어진 게 아닌가 하는 의견도 있답니다.

3D

남극의 얼음층(72.7S, 135.1E). 오른쪽 아래는 극관의 상부이고, 왼쪽 위는 얼음층의 하부이다. 전체 층의 두께는 2킬로미터 정도이고, 곳곳에 단층도 보인다.
제공: NASA/JPL/University of Arizona(ESP_022837_1070, ESP_014424_1070)

퇴적층

여기는 마리너 계곡 안의 유벤테 카스마라는 장소입니다. 유벤테 협곡이라고도 하는데, 라틴어인 카스마가 계곡이나 협곡을 뜻하거든요. 지금은 정상이 보이지 않지만, 절벽의 높이는 정상까지 약 2.7킬로미터입니다.

그렇게 높다니! 저 절벽의 줄무늬 모양도 지층이겠네요. 지구에서 보는 지층과 많이 닮았어요.

스키아파렐리 크레이터에서 설명했듯이 화성에서는 물 없이도 바람에 실려 온 입자나 화산재 등이 쌓여서 줄무늬 모양을 만드는 경우가 있습니다. 하지만 지금 보고 있는 지층도 아까 본 것처럼 물의 영향을 받아 생겼으리라고 추측하고 있지요.

흠, 어떻게 그걸 알 수 있죠?

2006년경부터 화성 주변을 돌며 여러 가지 데이터를 보내온 NASA의 화성 정찰 위성(Mars Reconnaissance Orbiter)에 크리즘(CRISM)이라는 분광기가 탑재되어 있었습니다. 분광기란 간단히 말해 스펙트럼의 차이를 분석해 물질을 구성하고 있는 성분을 알아내는 장치인데요. 크리즘으로 이 산을 촬영했더니 황산염 광물•이 많이 포함되어 있었지요. 지구에서는 황산염 광물이 주로 물의 작용으로 인해 생겨나기 때문에 화성에서도 마찬가지였을 거라고 생각했답니다.

• **황산염 광물** 황산의 음이온과 금속의 양이온이 결합하여 생성된 광물을 통틀어 이르는 말.

여러 가지 사실을 알 수 있네요. 암벽 등반을 좋아하는 사람이 저 절벽을 타 본다면 좋아하겠는데요.

3D

유벤테 협곡의 지층(4.5S, 297.6E). 황산염 광물이 발견된 덕에 미래에 탐사 로봇이 조사할 후보 지점으로 언급된 적도 있다.
제공: NASA/JPL/University of Arizona(ESP_014378_1755, ESP_020470_1755)

삼각주와 사행 하천

앗, 아래에 꽃잎이랑 닮은 지형이 보인다. 신기하네요.

저건 에베르스발데 크레이터에서 유명한 삼각주입니다. 전체 크기는 대략 사방 10킬로미터랍니다. 강에서 운반된 토사가 바다나 호수에 흘러들어 가면서 한꺼번에 퇴적되어 생긴 지형인데요. 지구에서는 이집트의 나일 강 삼각주가 유명하지요.

그 말씀은 이 크레이터 안에 호수가 있었고, 강에서 운반된 토사가 호수로 흘러들어 와서 생겼다는 뜻이네요. 구불구불한 줄기가 잔뜩 보이는데 저건 뭐지요?

사행 하천의 흔적입니다. 강이 흘러가는 길이 바뀌어 생겨난 지형이지요.

자세히 보니 더 이상한 점이 눈에 띄어요. 왜 사행 하천의 흔적이 주변보다 높아 보이지요? 강이라면 주위 지형보다 낮아야 정상이잖아요.

매우 좋은 질문입니다. 이상하지요? 사실은 퇴적한 암석에 따라 침식되는 속도가 달랐던 게 원인이랍니다. 원래는 강이 주변 지형보다 낮았을 겁니다. 하지만 강바닥은 비교적 알이 굵은 자갈이 쌓여 있어서 좀처럼 침식되지 않았습니다. 한편 강 주변의 퇴적층은 진흙이나 모래처럼 고운 입자로 이루어진 탓에 바람과 물에 의해 비교적 빨리 침식되어 버렸지요. 이렇게 침식되는 속도가 달랐기 때문에 기나긴 세월에 걸쳐 강의 흔적이 주변보다 높은 이상한 지형이 만들어졌을 거라고 추측한답니다.

그거 참 재미있는데요. 지구에서는 상상할 수 없는 지형이니까요.

3D

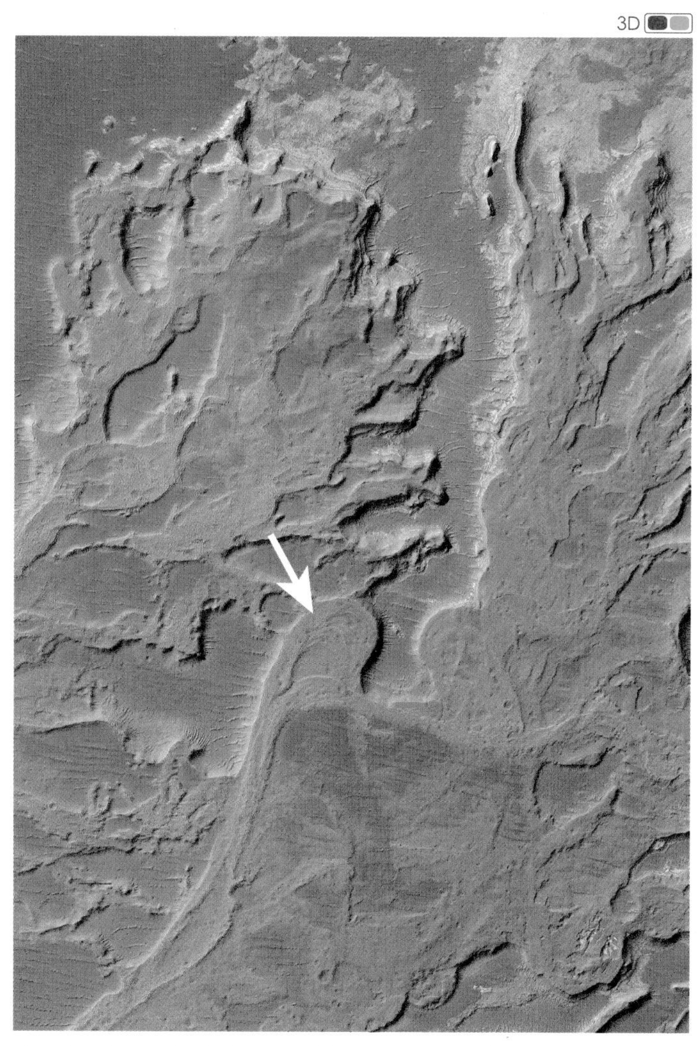

에베르스발데 크레이터의 삼각주와 사행 하천(23.8S, 326.4E). 화살표 부분이 사행 하천이다.
제공: NASA/JPL/University of Arizona(PSP_001534_1560, PSP_001336_1560)

북반구 저지대의 바다

지금은 보레알리스 평원의 상공을 날고 있습니다. 화성의 북반구 저지대 부근으로 화성 전체의 40퍼센트를 차지하는 드넓은 평원이지요.

예전에 바다가 있었을지도 모른다던 장소군요.

예, 바다가 있었는지를 두고는 아직 의견이 갈리지만 얼음이 존재하는 것만큼은 확실합니다. 자, 아래쪽에 크레이터를 보세요. 저 크레이터 안에 보이는 하얀 것이 얼음입니다. 크레이터의 지름은 35킬로미터 정도이고, 깊이는 2킬로미터 정도랍니다. 2003년 ESA가 화성 주변을 도는 위성 '마스 익스프레스'를 쏘아 올렸는데, 위성에 실린 오메가(OMEGA)라는 분광기가 화성 전체의 광물 분포를 약 가로세로 100미터를 1픽셀에 담아내는 해상도로 조사했습니다. 오메가는 물이나 얼음이 있는지 알아낼 수도 있어서 저 크레이터 안에 얼음이 있다는 사실도 확인되었지요.

대단하네요. 땅 위에 내리지 않아도 위성으로 광물이나 얼음의 분포까지 알 수 있다니.

물론 대략적인 조사일 뿐입니다. 표면이 먼지로 덮여 있으면 지반의 광물 조성을 알 수 없기도 하고요. 그래도 전체적인 광물 분포를 파악함으로써 화성이 어떻게 생겨났는지를 알게 되었고, 본격적인 탐사를 시작하기 전에 어디에 착륙할지 정하는 데도 한몫했습니다.

눈 깜짝할 사이에 하루가 끝나고, 마쓰이는 흥분해서 잠들 수 없을 것 같았지만 피곤한 탓에 곯아떨어졌습니다. 다음 날 아침, 어제처럼 비행기에 올라 둘째 날의 답사를 출발했습니다.

3D

북반구 저지대의 얼음(70.5N, 103.0E). 크레이터의 지름은 35킬로미터이다(오른쪽 아래에 있는 축척은 10킬로미터). 해상도 15미터인 카메라로 촬영되었다.
제공: ESA/DLR/FU Berlin(G. Neukum)

자, 슬슬 보이기 시작합니다. 아래를 내려다보세요.

앗, 무언가가 크레이터를 삼켜 버린 것 같네요.

저건 충돌 크레이터가 생긴 후에 그 주변을 용암이 흘러간 흔적입니다.

옛날에 화산이 분화해서 용암이 흘러나왔구나. 그러니까 화산이 활동했다는 뜻이군요.

예, 지금은 화성에서 화산이 활동하지 않지만, 약 38억 년 전까지는 커다란 분화가 일어났습니다. 거대한 화산 타르시스•도 이때 생겨났지요.

대단하네요. 그래도 용암이 크레이터를 모조리 삼키지는 않았군요.

맞습니다. 잘 보면 용암이 두 번 흘렀다는 걸 알 수 있는데요. 첫 번째 용암은 크레이터의 가장자리보다 낮게 흘렀기 때문에 크레이터가 무사했습니다. 그런데 그 위를 또다시 용암이 흘러서 크레이터의 오른쪽 윗부분으로 조금 흘러들어 간 것이지요.

그런 과정도 알 수 있군요.

흘러간 용암의 두께나 점성, 조성, 흘렀을 때의 온도 같은 것도 알 수 있으리라 기대하고 있지요.

그건 지금처럼 화성에 올 수 있기 전의 이야기지요? 위성 사

• **타르시스** 화성의 적도 부근에 있는 거대한 화산성 고원. 올림퍼스 산을 비롯한 4개의 큰 화산이 분포하고 있다.

진만으로 거기까지 알아냈다니 당시의 기술도 대단했네요. 그런데 저 용암은 무엇으로 이루어져 있나요?

지구에서도 흔히 볼 수 있는 화산암인 현무암이랍니다. 다른 행성인데도 용암으로 생성된 암석은 같다는 게 재미있지요.

3D

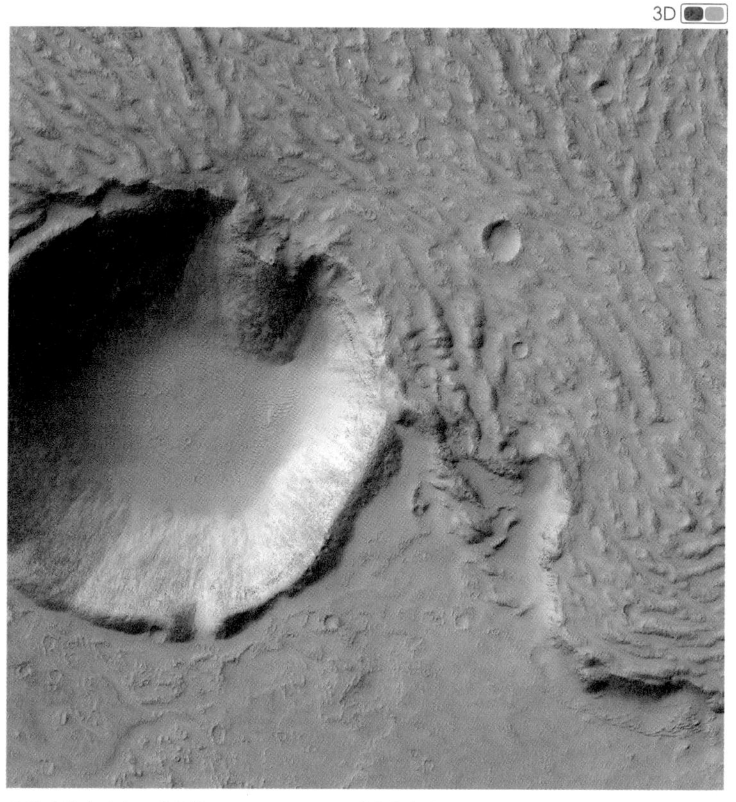

용암이 삼켜 버린 크레이터(33.3S, 222.7E). 크레이터의 지름은 약 3킬로미터이다.
암석의 풍화 속도가 느린 덕에 이러한 지형도 남아 있는 경우가 있다.
제공: NASA/JPL/University of Arizona(ESP_024587_1465, ESP_024877_1465)

사슬처럼 늘어선 작은 산들

저기에 작은 산이 잔뜩 보이는데 뭔가요?

저 산들은 수면이나 얼음 위로 용암이 흘러서 만들어졌다고 추측하는데요. 용암의 열 때문에 물이나 얼음이 끓으면 흘러가던 용암의 일부가 증기로 폭발합니다. 그때 용암의 일부가 솟아올라서 생겨났다는 거지요.

왜 선을 따라 나란히 있는 것처럼 보이죠?

용암은 한 방향으로 계속 흐르지요? 하지만 폭발은 같은 장소에서 반복됩니다. 용암이 폭발해서 생긴 작은 산이 용암을 타고 움직였기 때문에 저렇게 사슬처럼 늘어선 게 아닐까 한답니다.

지구로 치면 열점•에서 넘쳐 나는 용암이 이동하고 있는 판 위에 차례차례 섬을 만들어 낸 것과 비슷하네요.

맞아요. 용암과 물, 판의 관계가 저 작은 산들의 형성과 반대이긴 하지만요.

저 산들도 몇십억 년 전에 형성된 거지요? 그런데도 잘 남아 있네요.

그렇지요. 화성은 암석이 풍화되는 속도가 느려서 몇십억 년 전의 지층이나 지형이 잘 보존되어 있습니다. 지구에서는 몇십억 년 전의 암석이 곳곳에서 발견되어도 그 당시의 지형이 그대로 남아 있지는 않지요.

• 열점 맨틀 깊은 곳에서 마그마를 분출하고 있는 고정된 지점.

3D

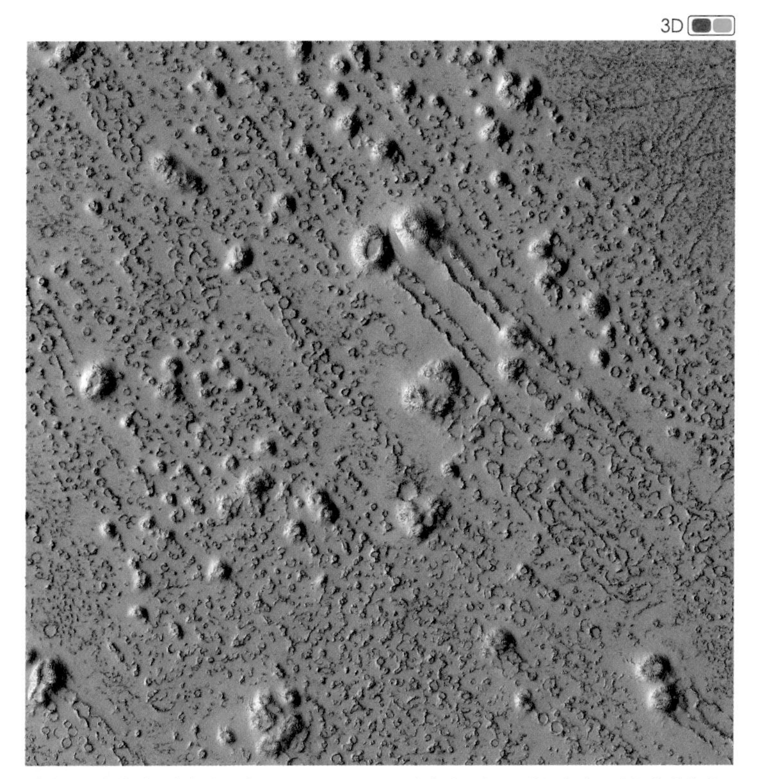

일렬로 늘어선 원뿔형의 작은 산들(26.3N, 173.6E). 화산 활동과 물, 얼음의 상호 작용에 의해 만들어진 신기한 지형이다. 산의 지름은 크더라도 300미터 정도이다.
제공: NASA/JPL/University of Arizona(ESP_018457_2065, ESP_018747_2065)

대지가 갈라진 틈

비행기에서 점심 식사를 한 뒤, 배가 잔뜩 불러서 창밖을 보니 가늘고 긴 도랑 모양의 구조가 잔뜩 보이기 시작했습니다.

저 도랑 같은 곳은 상당히 깊어 보이네요.

여기는 케르베로스 포사(Fossae)라는 장소입니다. 깊이도 폭도 500미터 정도이지요.

케르베로스는 들어 본 적 있어요. 그리스 신화에서 저승의 입구를 지킨다고 하는 머리가 셋 달린 개지요.

예, '끝없는 구멍'이라는 의미도 있답니다. 이 장소에 딱 알맞은 지명이지요. '포사'라는 말은 도랑이나 단층으로 갈라진 지형을 뜻합니다.

저곳은 어떻게 생겨났나요?

저기는 오래전 화성의 표면에 양쪽으로 잡아당기는 힘이 작용해서 찢기듯이 형성된 열곡•입니다. 다만 열곡이 생길 만큼 큰 힘이 어쩌다 작용하게 됐는지는 아직 수수께끼랍니다. 그 후 물이나 용암이 흘렀던 듯한 도랑도 여러 개 생겨났지요.

까마득하게 깊어 보이고, 이름도 무섭고, 저곳에는 빠지고 싶지 않네요. 속을 들여다보면 빨려 들 것 같아요.

저도 그렇네요. 자, 오늘 답사는 여기까지입니다. 호텔로 돌아가지요.

• 열곡 육지에 있는, 두 개의 평행한 절벽으로 둘러싸인 좁고 긴 골짜기.

3D

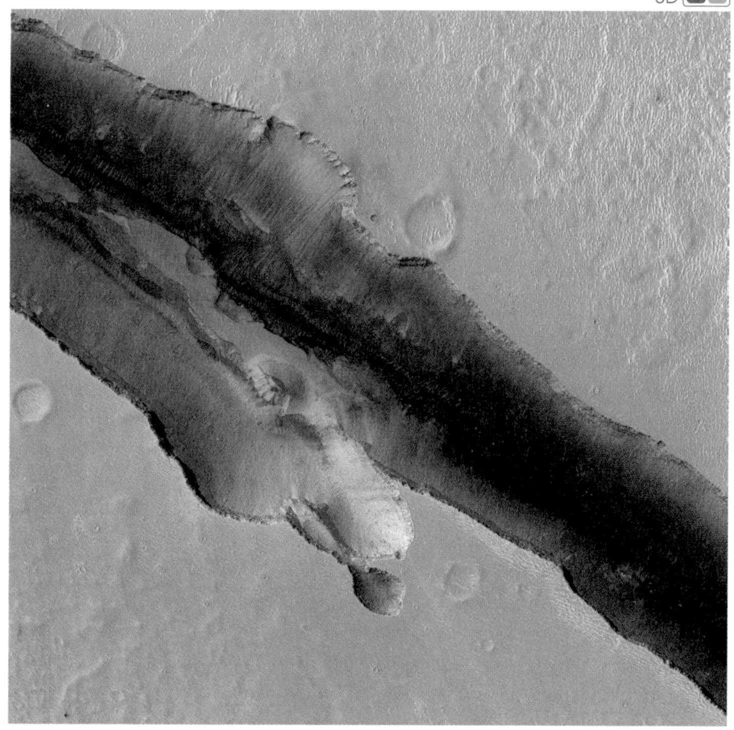

케르베로스 포사의 열곡(9.9N, 158.3E). 태곳적에 일어난 지각 변동으로 찢어진 형태를 하고 있다.
제공: NASA/JPL/University of Arizona(ESP_024998_1900, ESP_024932_1900)

셋째 날 이화산

셋째 날 아침을 맞이했습니다. 가이드는 목적지를 알려 주지 않은 채 어떤 장소로 향했습니다.

저기 크레이터 외에 작은 산이 잔뜩 있는데, 저것도 용암이 흘러서 생긴 건가요? 어제 본 것처럼 한 줄로 있지는 않은데요.

저건 이화산(泥火山), 즉 진흙 화산이랍니다.

이화산이라면 벳푸의 보즈지고쿠•에서 본 적 있어요.

맞아요. 지하 깊은 곳에 있던 점토 등이 지하수나 가스와 함께 지표면으로 분출된 것이지요. 화산이라고 부르지만 용암을 내뿜지는 않습니다. 지구의 이화산이 분출하는 가스는 대체로 메탄이랍니다.

아하, 그렇다면 저 산들도 물이나 메탄이 분출된 흔적일지 모르겠네요.

그렇게 추측하고 있지요. 화성에는 수만 개 이상의 이화산이 있다고 하는데요. 화성의 지하 깊숙한 곳을 조사하려면, 이화산의 진흙을 채취해 보는 게 좋답니다.

생명체를 발견하기에도 좋겠어요.

맞습니다. 메탄이 뿜어져 나와 만들어진 화산이라면, 일찍이 화성에 생명이 존재했는지 아니면 지금도 존재하는지 밝혀낼 중

• **보즈지고쿠(坊主地獄)** 일본의 온천 도시 벳푸에는 이색적인 자연 온천들을 둘러보는 관광 상품인 '지옥 온천 순례'가 있다. 보즈지고쿠는 지옥 온천 중 한 곳으로 뜨거운 진흙탕 표면에서 공기 방울이 피어오른다.

요한 증거가 될 수 있지요. 지구의 대기에 포함된 메탄은 대부분 생물의 동화 작용을 통해 나왔다고 하니까요.

그렇다면 이곳은 생명의 흔적을 조사할 수 있을지도 모르는 중요한 장소군요.

3D

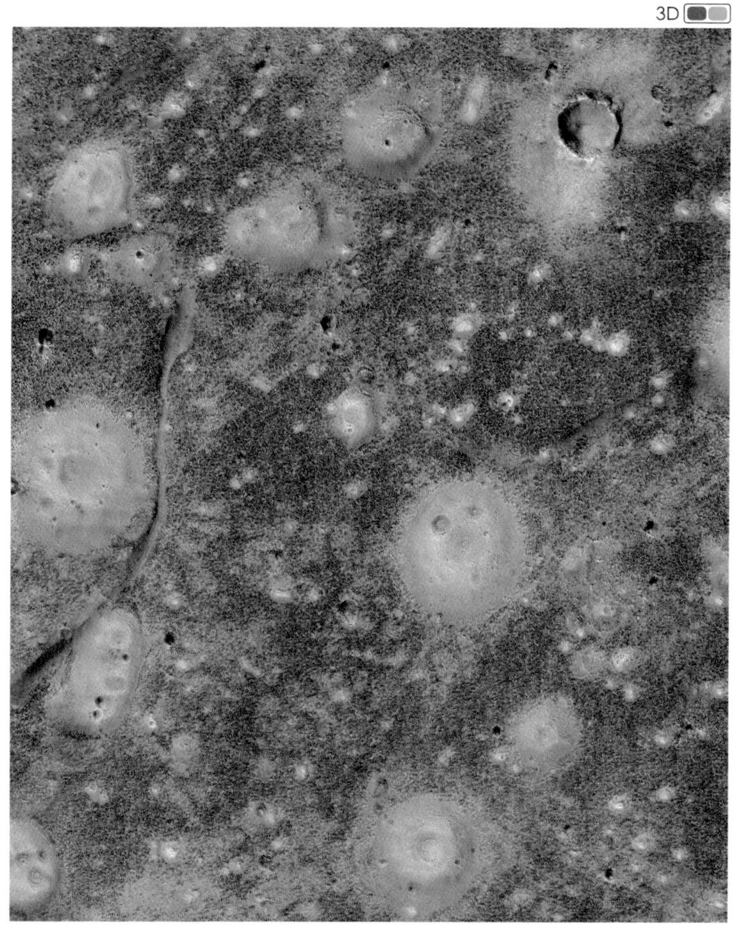

수많은 이화산(40.5N, 332.0E). 물이나 메탄이 지하에서 진흙과 함께 분출되어 생긴 지형이라고 한다. 커다란 이화산의 지름은 약 1킬로미터이다.
제공: NASA/JPL/University of Arizona(ESP_024530_2210, ESP_024253_2210)

램파트 크레이터

저 크레이터는 바닥이 깊네요. 게다가 가장자리가 선명하게 남아 있고요. 크레이터 주변에 꽃잎 모양으로 펼쳐진 건 뭐죠?

저것은 이젝터라고 부릅니다. 다른 말로 하면 충돌 분출물이지요.

예? 하지만 분출물이라면 크레이터에서 바깥으로 튀어나와서 고인 것이잖아요. 달 같은 곳에서 본 분출물은 조약돌이 뒹굴고 있다든지, 방사상•으로 펼쳐져 있다든지 한 것 같은데요. 저 크레이터의 분출물은 끄트머리에서 뚝 끊겼네요.

역시 잘 알고 있네요. 분명히 화성의 위성인 포보스의 분출물도 방사상으로 펼쳐져 있습니다. 지금 내려다보이는 것 같은 크레이터를 램파트 크레이터라고 부르는데요. 사실 화성에서 가장 자주 보이는 크레이터랍니다. 분출물이 공중을 날아간 후 쌓였다기보다 지표면을 끈적하게 흐르다가 퇴적된 것 같다고 하지요. 가령 지면 아래에 얼음이나 물이 있으면 천체가 충돌해도 지표면의 흙이 먼지처럼 날아가 버리지 않고, 물을 머금은 채 흐르다 저렇게 꽃잎 모양으로 쌓인답니다.

아하, 이 크레이터도 화성 지하에 얼음이나 물이 있었다는 증거가 되겠네요. 분명 여기는 북반구 저지대니까 지하에 얼음층이 있어도 이상하지 않겠어요.

맞습니다. 지구에서도 인도의 데칸 고원에 있는 로나 크레이

• **방사상** 중앙의 한 점에서 사방으로 바퀴살처럼 뻗어 나간 모양.

터를 램파트 크레이터라고 추측하고 있는데요. 지구로 돌아가면 한번 가 보세요.

3D

북반구 저지대의 램파트 크레이터(50.2N, 184.5E). 분출물이 꽃잎 모양으로 펼쳐져 있는 것이 특징으로 지하에 얼음이나 물이 있었기 때문에 이런 모양이 되었다고 한다. 지름은 약 2킬로미터이다. 제공: NASA/JPL/University of Arizona(ESP_025498_2305, ESP_025366_2305)

대지를 집어삼킨 모래 언덕

저 기분 나쁘게 생긴 건 뭐죠? 꼭 세균이 퍼져 있는 것 같아요.

저건 모래 언덕입니다. 언덕 아래의 지면은 일찍이 물이 흘러 생긴 선상지• 같은 장소인데요. 선상지 위에 바람이 나른 모래가 쌓여 언덕이 된 것이죠.

모래 언덕이라, 지금도 바람으로 움직이고 있나요?

예, 지금 보이는 모래 언덕은 북서에서 남동 방향으로 움직이고 있습니다.

그렇다면 사구가 삼켜 버린 크레이터는 조만간 다시 지표면으로 드러나겠네요.

예, 모래 언덕의 형태를 관찰하면 화성 표면에서 부는 바람의 방향을 알 수 있답니다. 고해상도 위성 사진을 얻게 된 2000년대 후반부터 본격적으로 화성의 풍향에 대해 연구를 했는데요. 북반구의 겨울과 여름에 저-중위도에서 거의 정반대 방향으로 바람이 분다는 사실 등을 알아냈지요.

화성에서 부는 바람이라면, 먼지 폭풍이라고 자주 들어 봤는데요?

맞아요. 먼지 폭풍은 심하면 화성 전체를 뒤덮어 버리곤 합니다. 작은 폭풍은 자주 일어나지만, 화성 전체에 휘몰아칠 정도로 큰 폭풍은 일 년에 한 번 있을까 말까 하지요. 큰 먼지 폭풍은 북반

• 선상지 골짜기 어귀에서 하천에 의해 운반되어 온 자갈과 모래가 평지를 향해 부채 모양으로 쌓여서 만들어진 지형.

구의 가을과 겨울에 걸쳐 북극 부근의 고위도부터 중위도 지역에서 발생하는 폭풍이 성장한 것이라고 알려져 있습니다.

지금 큰 먼지 폭풍이 일어났다면 모처럼 온 여행에서 아무것도 못 볼 뻔했네요.

3D

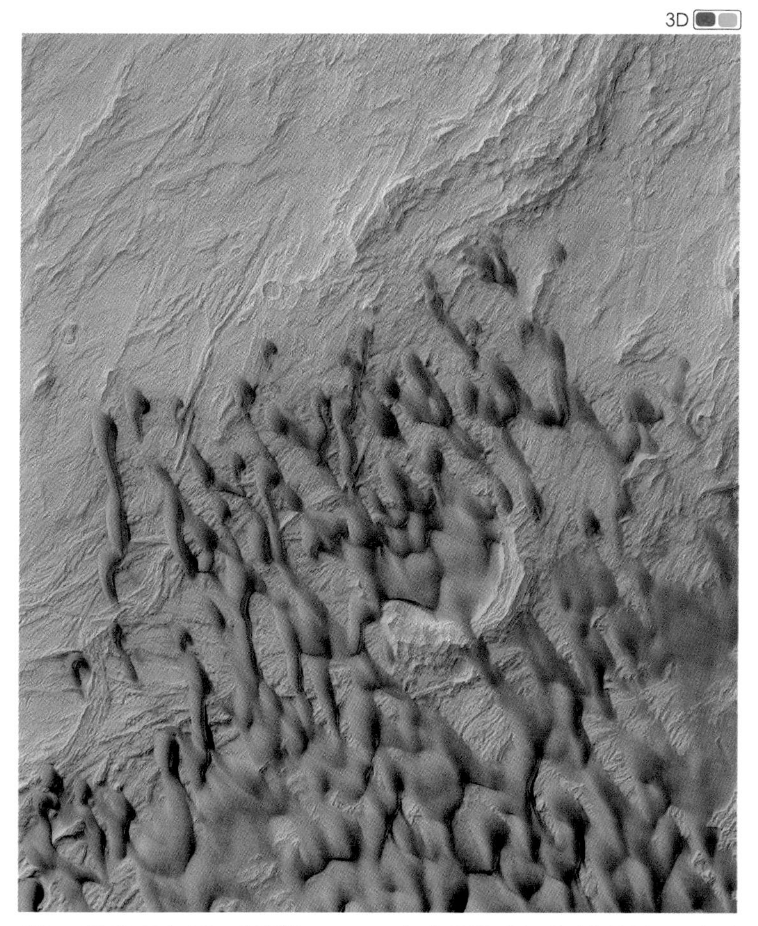

작은 크레이터를 삼켜 버린 모래 언덕(21.6S, 320.4E). 이 언덕은 지금도 북서에서 남동으로 이동하고 있다. 모래 언덕이 집어삼킨 크레이터의 지름은 약 1킬로미터이다.
제공: NASA/JPL/University of Arizona(ESP_024913_1580, ESP_025625_1580)

더스트 데빌

앗, 지면에서 연기가 올라온다. 게다가 두 곳이네요. 뭔가 타고 있는 거 아닌가요?

저건 '더스트 데빌'이네요. 먼지 폭풍보다 규모가 작은 것을 이렇게 부르지요. 그렇게 크지는 않으니 휩쓸릴까 봐 걱정하지 않아도 됩니다. 이대로 답사를 계속하지요.

내려다보니까 잘 모르겠는데 높이가 얼마나 되나요?

대충 800미터는 될 듯하네요.

그렇게 높이 올라오다니!

예, 더스트 데빌은 자주 발생합니다. 화성의 대기에는 늘 먼지가 자욱해서 눈앞이 뿌옇게 보이는데, 더스트 데빌이 종종 먼지 회오리를 일으키기 때문이라고 알려져 있지요.

그렇구나. 저 회오리에 휘말리면 무섭겠어요.

내일은 화성 표면을 차로 이동하는데, 가장 조심해야 할 게 바로 더스트 데빌입니다. 단지 먼지 회오리일 뿐만 아니라 전기를 띠는 경우도 있거든요. 더스트 데빌에 휘말리면 자칫 감전사를 당할 수도 있어요.

으악, 그건 정말 무서운데요. 내일 차 타는 게 무서워졌어요.

괜찮습니다. 운전은 자신 있으니까요. 더스트 데빌을 만나면 얼른 도망갈게요!

3D

사진의 오른쪽 위와 왼쪽 아래에 더스트 데빌이 있다(35.8N, 207.5E).
화성에서는 이런 회오리바람이 자주 일어난다.
제공: NASA/JPL/University of Arizona(ESP_026051_2160, ESP_025985_2160)

기하학 모양?

북극을 지나 호텔로 돌아가려고 하는데, 아래에 무언가가 보이기 시작했습니다.

또 신기한 모양이 보이네요. 꼭 화성인이 만든 미로 같아요.

지금은 북극과 꽤 가까운 북반구 저지대 상공을 날고 있는데요. 보이는 건 얼음 위에 생긴 모래 언덕이네요.

저것도 모래 언덕이구나. 바람만으로 신기한 모양이 만들어지네요. 모래 언덕은 화성의 어디에서든 볼 수 있나요?

아니요, 사실 분포가 치우쳐 있습니다. 대체로 남위 55~80도와 북위 70~85도에서 많이 나타나지요. 바람의 세기와 풍향 때문에 모래 언덕이 생기는 장소가 한정되어 있다고 추측합니다.

그렇군요. 다른 행성에도 모래 언덕이 있나요?

지금까지는 토성의 위성 타이탄에서 모래 언덕이 확인되었습니다. 모래가 있어도 바람이 없으면 모래 언덕은 만들어지지 않으니까요.

타이탄이라. 그곳도 언젠가 가 보고 싶어요.

저도요. 자, 오늘도 꽤 늦었네요. 이제 호텔로 돌아가 내일 준비를 하죠. 내일은 오퍼튜니티가 지나갔던 길을 우리도 차를 타고 따라갈 겁니다. 지상에서 보는 광경도 무척 박력 있답니다.

3D

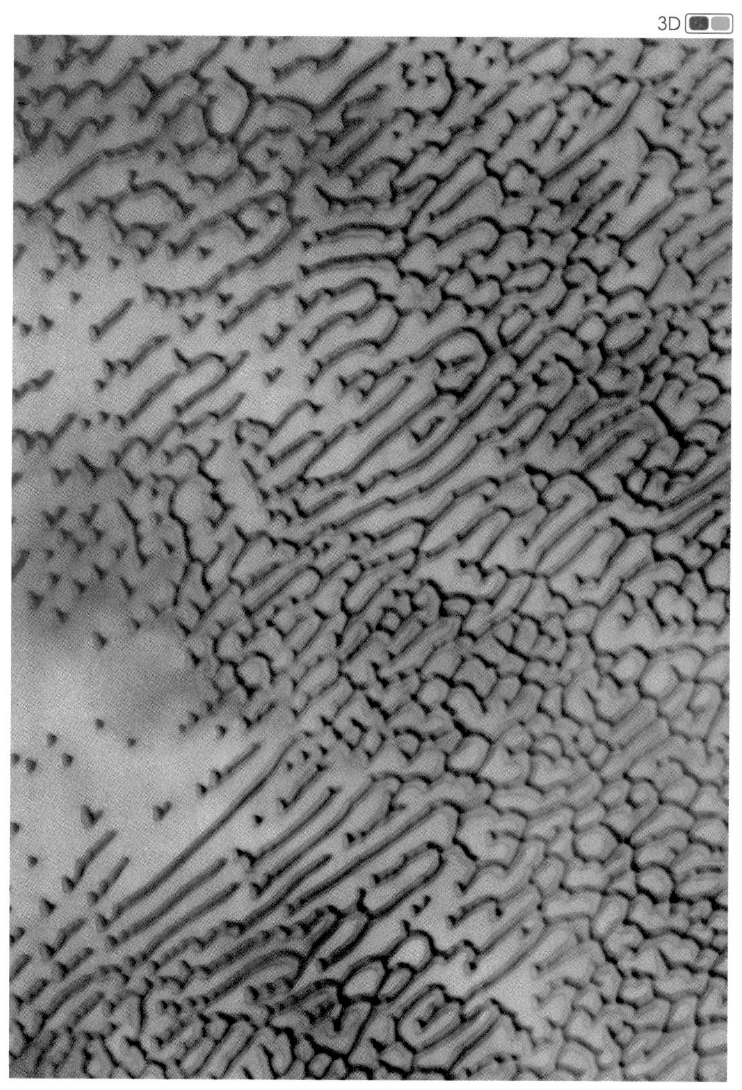

고위도 지역에서 관찰된 신기한 기하학 모양의 모래 언덕(78.0N, 84.0E).
모래 언덕의 너비는 100~200미터 정도이다.
제공: NASA/JPL/University of Arizona(PSP_009256_2580, PSP_008847_2580)

넷째 날 오퍼튜니티가 지나간 길

여기는 메리디아니 고원입니다. 차에서 내릴 때 조심하세요.

앗, 바로 저기에 크레이터가 있다. 상당히 작고, 생긴 지 얼마 안 된 것 같아요.

그렇습니다. 지름은 9미터 정도이지요. 전문가가 계산하기로 오래됐어도 지금으로부터 약 10만 년 전에 형성되었다고 합니다. 이 주변은 2004년 화성에 연착륙해서 탐사했던 오퍼튜니티가 지나간 곳입니다. 탐사 로봇 오퍼튜니티는 그 후 십 년 가까이 조사를 계속했지요.

십 년이라니 대단하네요. 스피릿이라는 로버와 함께 활약했지요? 그 조사로 무엇을 알게 되었나요?

가장 중요한 발견은 화성 표면의 노두•에서 암석을 분석해, 액체 상태의 물과 작용해서 형성되는 황산염 광물을 발견하여 일찍이 화성에 물이 있었다는 결론을 얻은 겁니다. 그때까지 NASA는 '물의 흔적을 찾아라.'라는 구호 아래 탐사를 해 왔습니다. 물의 흔적이 있으면 그 가까이에 생명의 자취도 있을 거라고 생각했기 때문이지요. 탐사 로봇 덕에 물이 있었다는 걸 확인하게 되었고, 그 후에는 화성이 생명체가 거주할 수 있는 환경이었는지 조사하기 위한 탐사가 이루어졌습니다. 그리고 2012년에 탐사 로봇 큐리오시티가 게일 크레이터에 투입되었지요. 내일 우리도 게일 크레이터에 가 보겠습니다.

• **노두** 광맥, 암석, 지층 등이 지표에 드러난 부분. 광석을 찾는 중요한 실마리이다.

'스카이 러브'라고 이름 붙은 작은 크레이터.
제공: NASA/JPL-Caltech(PIA14133)

빅토리아 크레이터

자, 빅토리아 크레이터에 도착했습니다. 여기는 오퍼튜니티가 2006년부터 2008년까지 조사한 장소입니다.

잘 알아요. 오퍼튜니티가 이렇게 급한 비탈을 내려갔다니 정말 힘들었겠네요.

예, 굉장히 조심조심 주행해서 많은 성과를 올렸지요. 아까 얘기했던 물의 흔적 외에도 바람이 만들어 낸 지층을 조사하기도 했고요.

그런데 오퍼튜니티는 왜 크레이터만 조사했나요?

오퍼튜니티의 탐사 목적은 지층을 조사해 물의 흔적이 있는지 없는지 밝히는 것이었거든요. 화성은 먼지에 파묻혀 있는 장소가 많은데, 크레이터의 벽면은 경사가 급해서 지층이 겉으로 드러나 있는 덕분에 탐사하기 좋았답니다.

그래서 위험을 무릅쓰고 크레이터 안에 들어간 거구나. 어? 저기 지면에 선이 두 줄 있는데 설마…….

예, 짐작하신 게 맞습니다. 오퍼튜니티가 크레이터를 나올 때 생긴 바퀴자국이지요. 오퍼튜니티는 화성 박물관으로 옮겨졌지만 이 바퀴자국은 기념 삼아 그대로 보존하고 있습니다.

우와, 감격했어요! 저한테는 할리우드 스타의 손도장보다 가치 있는 흔적이에요.

오퍼튜니티가 빅토리아 크레이터에서 나올 때 생긴 바큇자국.
제공: NASA/JPL-Caltech(B1634_navcam_exit)

산타 마리아 크레이터

잠깐 쉴까요. 점심시간이네요.

여기는 어디죠?

오퍼튜니티가 2010년부터 2011년에 걸쳐 지나갔던 산타 마리아 크레이터라는 곳입니다. 오퍼튜니티의 마지막 목적지였던 인데버 크레이터에서 6킬로미터 정도밖에 떨어져 있지 않지요. 지금은 마침 크레이터 가장자리의 위쪽을 달리고 있습니다. 오퍼튜니티는 여기서 화성 착륙 7주년을 맞이했답니다.

이곳에서는 어떤 사실을 알게 되었나요?

탐사 결과보다 오퍼튜니티가 쉬었다 간 장소로 유명한데요. 이곳에서 오퍼튜니티는 지구에서 볼 때 화성이 태양 너머 가장 먼 지점을 통과하는 '합(合)'을 맞았습니다. 그 기간에는 화성과 지구 사이에 있는 태양으로 인해 통신이 끊겼기 때문에 관측을 잠시 멈췄지요. 그 후 통신이 회복되면서 오퍼튜니티는 인데버 크레이터를 향해 이동했습니다.

오퍼튜니티가 잠시 쉬었던 장소에서 우리도 쉬다니, 오퍼튜니티의 팬으로서 아주 기쁘네요.

자, 오퍼튜니티가 앞서간 길을 따라가는 것은 여기까지입니다. 내일은 유명한 관광지를 돌아보지요.

3D

오퍼튜니티가 잠시 쉬었던 산타 마리아 크레이터의 가장자리.
제공: NASA/JPL-Caltech/Cornell/ASU(PIA13796)

다섯째 날 마리너 계곡

마지막 날 아침, 비행기에 오른 두 사람은 첫 번째 목적지인 마리너 계곡으로 향했습니다.

자, 화성에서 제일 큰 계곡인 마리너 계곡에 도착했습니다. 계곡을 뜻하는 라틴어를 써서 '발레스 마리네리스'라고도 부르지요. 길이는 4,000킬로미터로 일본 열도를 두 개 나란히 놓은 정도이고, 깊이는 7킬로미터, 폭은 넓은 곳이 200~300킬로미터입니다.

그랜드 캐니언이 작아 보일 정도네요. 그런데 이 계곡은 어떻게 생겨났나요? 계곡이라고 하셨으니 물이 흘러서 만들어진 건가요?

원래는 지각 운동의 영향으로 형성됐다고 추측합니다. 지각이 끌어당겨져서 정단층•이 생기며 열곡이 만들어졌는데요. 다만 판이 이동하지 않는 화성에서 왜 열곡이 생겨났는지 아직 자세히는 모릅니다. 그 후, 지층이 조금씩 밀려 내려가 비탈이 무너지고 폭이 넓어진 게 아닐까 하지요. 어떤 곳에서는 물이 흘렀던 흔적도 발견되었습니다. 실제로 마리너 계곡의 하류 쪽에는 카세이 계곡 같은 계곡이 많이 있고, 오래전에 바다가 있었다고 하는 북반구 저지대와도 연결되어 있지요.

계곡이 일직선이네요. 옛날 사람들이 망원경으로 화성을 보

• 정단층 기울어진 단층면을 따라서 위에 있는 지반이 아래쪽으로 미끄러져 내려간 단층.

고 이곳을 인공 수로라고 생각했던 것도 다 이유가 있군요.

 자, 다음은 올림퍼스 산에 가 볼까요.

잠깐 조는 마쓰이. 눈이 번쩍 뜨일 광경이 기다리는데…….

구글 어스로 본 마리너 계곡(11.4S, 287.2E). 고도는 과장되어 있다.

올림퍼스 산

올림퍼스 산에 도착했습니다. 일어나세요.

끄응…… 어? 여기가 올림퍼스 산이에요?

사실은 이미 산 정상에 있는 칼데라•랍니다. 올림퍼스 산은 높이가 27킬로미터라서 아래에서 올려다봐도 전부 보이지 않거든요. 그리고 여기에서라면 사방 360도를 장대한 파노라마로 볼 수 있지요.

정말 높다. 에베레스트 산의 높이가 9킬로미터 정도니까 비교할 수 없을 만큼 높군요. 칼데라도 일본의 아소 산에서 본 적은 있지만 규모가 완전히 달라요.

그렇죠. 올림퍼스 산은 태양계에서 가장 큰 화산이니까요.

어떻게 이렇게까지 커졌을까요?

한곳에서 계속 화산이 분화했기 때문일 거라 생각합니다. 지구라면 열점에서 용암이 분출되더라도 판의 이동으로 화산이 움직이기 때문에 하와이 화산대처럼 작은 화산이 나란히 늘어서게 됩니다. 하지만 화성에서는 판이 움직이지 않기 때문에 같은 장소에서 용암이 계속 분출되지요. 용암이 몇 겹이나 쌓이고 쌓여서 지금처럼 거대한 화산이 되었다고 하는데요. 수억 년에 걸쳐 일어난 일이라니 정말 아득할 정도지요.

더 이상 분화는 하지 않나요?

• 칼데라 땅속에 있는 마그마의 방이 화산 폭발로 텅 비어 더 이상 무게를 지탱하지 못하고 무너져 내려서 생긴 화산 정상의 둥근 분지.

아뇨, 가장 최근의 용암이 200만 년 전에 분출된 것이라고 하는데요. 앞으로 또 분화할지도 모르지요.

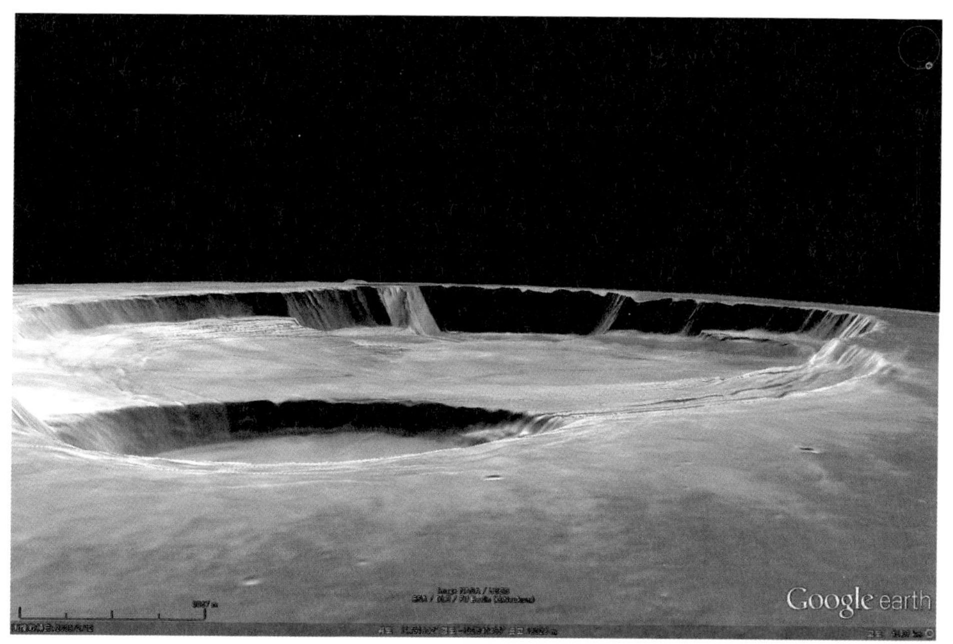

구글 어스로 본 올림퍼스 산 정상의 칼데라. 칼데라의 지름은 70킬로미터이다(18.3N, 226.8E). 고도는 과장되어 있다.

게일 크레이터

자, 기다리고 기다리던 게일 크레이터에 도착했습니다. 2011년에 NASA가 발사해 2012년 8월 탐사에 착수한 큐리오시티가 착륙했던 지점입니다.

지층이 보이네요. 왜 게일 크레이터가 착륙 지점으로 선택되었나요?

화성의 환경은 37억 년 전을 경계로 크게 변화했습니다. 그 이전에는 호수나 바다가 존재했을 가능성이 있었기 때문에 물이 있어야 만들어지는 점토 광물• 등이 곳곳에 퇴적되었습니다. 그런데 그 후에 쌓인 지층에는 황산염 광물이 풍부합니다. 황산염 광물은 산성수에 의해 변질되어 형성되니까, 이는 화성의 환경이 강한 산성이 되었다는 증거입니다. 그러니 생명이 살 만한 곳은 아니었을 수 있지요. 화산 활동 등으로 인해 화성의 기후가 변한 게 원인이라고 추측하지만, 그 이유는 잘 모릅니다. 게일 크레이터에는 퇴적암이 노출되어 있고, 마침 37억 년 전후에 만들어진 지층을 조사할 수 있습니다. 왜 그 당시 화성의 환경이 갑자기 변화했는지 알아내는 데 가장 적합한 장소였던 거지요.

그렇군요. 그래서 지질학자 대신 탐사 로봇이 지층을 조사했던 거군요.

그렇죠. 지금은 지질학자가 직접 조사할 수 있지만, 2012년에는 아직 인간이 화성에 올 수 없었으니까요. 큐리오시티 계획은

• **점토 광물** 점토를 구성하는 주성분인 광물을 통틀어 이르는 말.

지질학자가 주도해서 탐사 지역을 정했습니다. 이렇듯 화성 연구에서 지질학자는 큰 임무를 맡아 왔답니다.

구글 어스로 본 게일 크레이터의 중앙 언덕 부근에 노출되어 있는 퇴적암(5.0S, 137.7E). 고도는 과장되어 있다. 2012년 8월에 큐리오시티는 이 근처부터 탐사를 시작했다.

메사

여기는 시도니아라는 곳입니다. 아래에 산이 보이기 시작하지요? 저곳은 주변의 지층보다 딱딱해서 침식을 이겨 내고 형성된 탁자 위의 대지(臺地)•로, 스페인어로는 메사(mesa)라고 부릅니다.

미국의 모뉴먼트밸리 같은 곳에 있는 지형이잖아요. 하지만 지구에서도 흔히 볼 수 있는 지형이고, 평범한 대지처럼 보이는데 어떤 점이 흥미로운 건가요?

화성의 인면암(人面岩)이라고 들어 본 적 있나요?

네, 20세기가 끝날 즈음 화성에 사람의 얼굴 모양을 한 구조물이 있다고 한바탕 소동을 일으켰다는 바위 얘기죠? 어, 혹시 저 대지를 보고 얼굴로 생각한 건가요?

정답입니다. 인면암이라고 화제가 되었던 사진은 1976년 화성 탐사선 바이킹이 촬영한 것인데, 1픽셀의 해상도가 43미터였지요. 그 후로 위성 사진의 해상도가 점점 높아져서 2001년경에는 2미터 정도, 2007년경에는 25센티미터 정도의 해상도로 촬영할 수 있게 되었습니다. 해상도가 올라가면서 인면암의 모양이 사람 얼굴과 다르다는 사실을 알게 되었지요.

43미터와 25센티미터는 전혀 다르니까요. 그렇더라도 21세기 초에 이미 그렇게 높은 해상도로 사진을 찍을 수 있었군요.

그렇지요. 기술의 진보와 더불어 보이는 것이 변화했고, 화

• **대지** 주위보다 고도가 높고, 넓은 면적에 평탄한 표면을 하고 있는 지형. 침식 또는 퇴적에 의해 만들어진다.

성 연구도 크게 발전했습니다. 앞으로 화성 연구가 어떻게 나아갈지 매우 기대되지요.

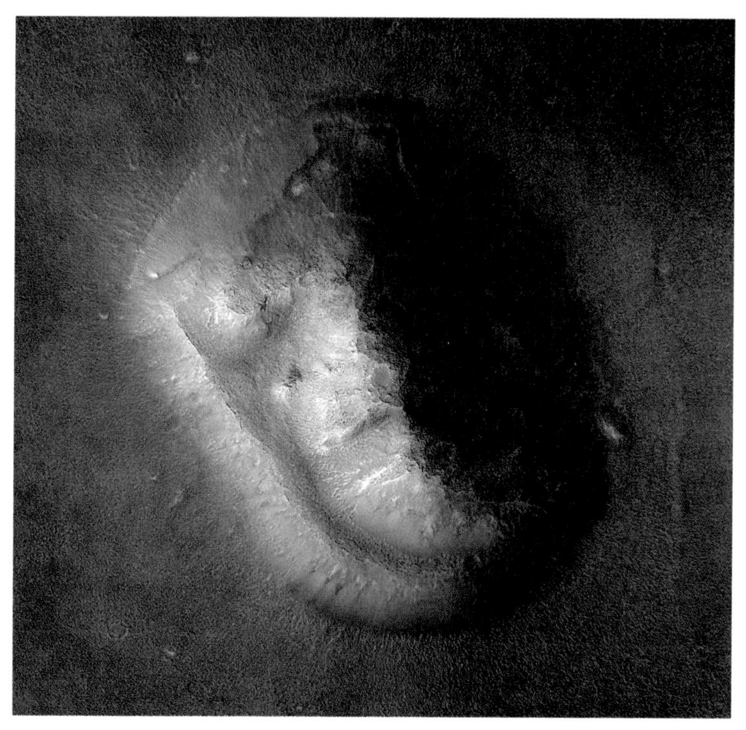

화성의 대지. 예전에는 인면암이라고 오해받았다(40.7N, 350.5E). 너비는 약 2킬로미터이다.
제공: NASA/JPL/University of Arizona(PSP_003234_2210)

예전의 호수

여기는 살바타나 계곡이라는 곳입니다. 계곡의 폭은 약 10킬로미터이지요.

마리너 계곡보다 훨씬 작지만 많이 닮았네요.

언뜻 보면 닮았지만, 이곳은 물이 홍수처럼 흘러서 만들어진 침식 계곡이라고 추측됩니다.

마리너 계곡을 먼저 봐서 그런지 별로 인상적이지는 않은데요…….

그럴지도 모르겠네요. 하지만 과거 화성에 물이 존재했다는 사실을 알려 주는 증거가 있는 매우 중요한 장소랍니다. 계곡의 중턱에 평평한 땅 같은 곳이 보이지요? 맞은편에도 닮은 곳이 몇 군데나 있고요. 모두 높이가 일정하기 때문에 예전에 이 계곡에 호수가 있었고, 평평한 땅은 호수의 기슭이었던 게 아닐까 한답니다.

이런 곳에 호수가 있었구나. 크레이터 안에만 있었던 게 아니네요.

수심이 450미터 정도였을 거라고 추정하는데, 호수를 채운 물의 양이 엄청났겠지요.

예전 연구자는 위성 사진만 갖고 거기까지 용케 알아냈네요.

그렇습니다. 지금 봐도 당시에 연구자들이 했던 생각은 거의 다 맞으니까요. 자, 이번 화성 여행은 이걸로 마치겠습니다. 지금부터 호텔로 돌아가겠으니 짐을 싸서 출발 준비를 해 주세요.

구글 어스로 본 샬바타나 계곡. 화살표로 표시한 부분을 과거에 존재했던 호수의 기슭이라고 추측하고 있다(3.0N, 316.7E). 고도는 과장되었다.

지구로 돌아가는 길

화성의 우주 발사장에서 지구로 돌아가는 우주선이 쏘아 올려지고, 무사히 화성 대기권을 돌파했습니다.

자, 지구에 돌아가는 날입니다.

즐거웠어요. 좀 더 화성에 있고 싶지만요. 앗, 포보스가 또 보이기 시작했다. 어? 근데 그 너머로 보이는 건…… 혹시 목성?

정답입니다. 목성은 화성의 이웃 행성이니까요. 지구에서보다 훨씬 크게 보이지요.

대단하다. 줄무늬 모양이 확실하게 보여요.

예, 목성이 구름에 덮여 있는 것은 알고 있을 텐데, 밝은 부분과 어두운 부분은 구성 물질이 조금 다르기 때문에 햇빛을 반사하는 정도도 달라서 줄무늬 모양으로 보인답니다.

나중에는 목성으로도 여행을 갈 수 있을까요?

목성에는 육지가 없기 때문에 여행은 어려울지 모르겠네요. 하지만 목성의 위성에 갈 수 있는 날은 올 수도 있지요. 유로파에는 얼음층 아래에 액체 상태의 바다가 있을 가능성이 있고, 이오에서는 지금도 화산이 활동하고 있거든요. 사람이 화성 다음에 갈 곳은 이 두 위성이 아닐까요?

기대되네요. 제가 살아 있는 동안 갈 수 있으면 좋을 텐데요.

이윽고 여행의 피로가 몰려와 마쓰이는 깊은 잠에 빠졌습니다.

3D

포보스(오른쪽)와 함께 목성(왼쪽)이 보인다.
제공: ESA/DLR/FU Berlin(G. Neukum)

칼럼 1 화성의 역사를 알려 주세요

화성은 지구와 거의 같은 시기, 그러니까 약 46억 년 전에 탄생한 것으로 보입니다. 최초의 시대는 노아키스기(紀)라 불리는데, 태양계가 태어나면서 대량으로 만들어진 미행성•이 갓 탄생한 화성 표면에 쏟아졌던 시기입니다. 지구의 하데안기 무렵이지요. 노아키스기에는 화성 지표면에 물이 풍부하게 있었고, 그 물에 의해 계곡 지형이 형성되거나 점토 광물이 생성되었다고 추정됩니다. 거대한 대지(臺地) 모양 지형인 타르시스가 형성되기 시작한 것도 이 시기입니다.

미행성들의 충돌이 줄어든 뒤, 이어서 화산 활동이 활발해진 시기가 약 37억 년 전부터 시작된 헤스페리아기입니다. 지구에서는 시생대와 거의 같은 시기이지요. 이 시기에는 지하에서 일어난 마그마 활동으로 인해 화산이 증기와 가스를 뿜어냈고, 거기에 포함된 유황 성분으로 황산염 광물이 많이 만들어졌다고 합니다. 헤스페리아기에는 지표면으로 방출된 지하수가 대홍수를 일으켜서 침식 계곡이나 북반구 저지대의 해양을 형성했으리라 추측합니다.

그리고 현재까지 이어지는 가장 새로운 시대(새롭다고 해도, 시작된 것은 33억 년 전 내지 29억 년 전 정도입니다)인 아마조니아기는 화성 역사에서 조용한 시대입니다. 현재 화성에는 화산이 활동하고 있는 증거도 보이지 않고, 아주 적은 양의 물이 화성 표면

• 미행성(微行星) 태양계 형성 초기에 만들어져 후에 소행성과 혜성, 행성들을 이룬 작은 천체들.

을 흐르고 있을 가능성은 있지만, 그 외의 물은 얼음이 되어 극관이나 지하에 응축되어 있는 것으로 보입니다. 그렇다고 지질학적인 작용이 전혀 없는 것은 아니고, 바람에 의한 암석의 침식과 깎여 나간 입자의 운반이나 퇴적은 늘 일어나고 있습니다.

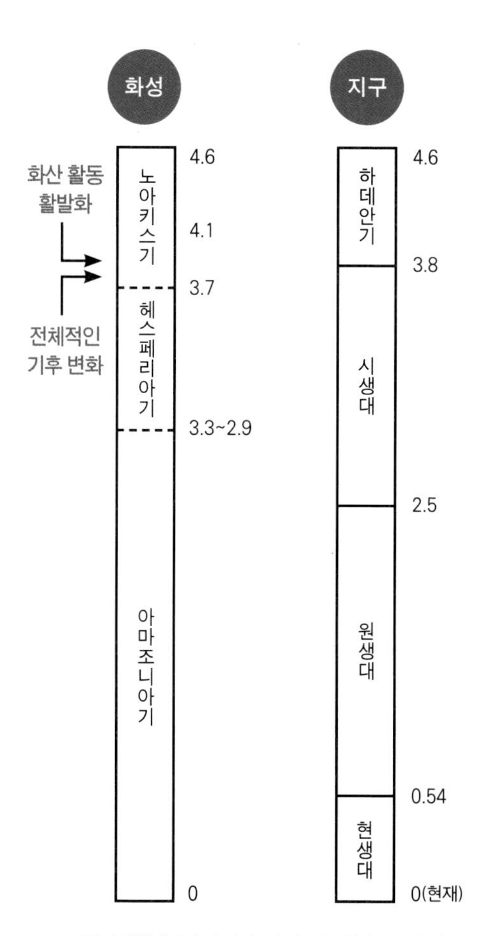

지구와 화성의 역사 비교(세로축의 눈금 단위는 10억 년)

칼럼 2 화성에 생명은 있나요?

아직 모릅니다. 화성은 태양계에서 지구와 가장 닮은 천체입니다. 과거에는 지표면에 꽤 많은 액체 상태의 물이 있었다는 증거도 발견되었습니다. 햇빛도 충분하고 더욱이 과거에 화산 활동이 일어났던 증거도 있기 때문에 에너지의 관점에서도 생명이 존재하는 데 적합한 조건을 갖추고 있었을 것이라고 생각됩니다.

문제는 생명이 어떻게 탄생하는지가 지구의 경우에 대해서도 아직 분명하게 밝혀지지 않았다는 점입니다. 따라서 생명이 존재하는 데 적합한 환경이라는 사실만으로는 생명이 있다(혹은 있었다)는 결론을 내리지 못합니다.

역시 생명에 관한 문제에 답하려면 살아 있는 생명 그 자체를 발견하거나 옛 생명의 증거(화석, 생물원유기물• 등)를 찾아야 합니다. 화성 탐사를 하며 본격적으로 생명을 찾았던 첫 번째 시도는 1970년대에 화성에 착륙한 두 대의 바이킹 탐사선이었습니다. 그러나 이때는 박테리아와 같은 생물이 존재하는지 확인할 수 없었지요. 적어도 현재는 화성의 지표면에 쏟아지는 자외선의 영향이 강해서 유기물이 존재하거나 보존되기 어렵습니다. 이러한 조건에서는 생명이 자기를 방어할 방법을 찾지 않는 한, 존재 그 자체가 어렵다고 생각됩니다.

• **생물원유기물(生物源有機物)** 생명이 되기 전 단계의 유기물 또는 생명체가 일으킨 생화학 작용으로 인해 생성된 유기물.

바이킹 2호 탐사선이 촬영한 유토피아 평원의 사진. 이 장소에서 생명의 흔적을 찾아 탐사를 했다.
제공: NASA/JPL

칼럼 3 화성의 대기 중에 메탄이 있나요? 그것이 왜 중요한가요?

화성의 대기 중에 메탄이 포함되어 있다는 보고는 몇 건이나 있습니다. 그러나 확인된 메탄의 양이 매우 적어서 관측 결과에 의문을 품는 과학자도 있지요. 최종 결론은 지구에서 고성능 관측 기기로 분석하거나 높은 정밀도로 메탄을 측정하는 장비를 실은 화성 탐사선이 직접 측정한 후에 내려야 합니다.

그러나 만약 화성에 정말로 메탄이 존재한다면 어떤 사실을 말할 수 있을까요? 지구 대기 중의 메탄은 그 대부분이 생체에서 나온 것이라고 합니다. 가령 메탄은 생물의 사체가 메탄 생성 세균에 의해 분해되는 과정에서 발생합니다. 따라서 화성에서 메탄이 발견된다면, 생물의 작용에 의해 생겨났을 가능성이 있기 때문에 무척 중요한 상황 증거가 되는 것입니다. 다만 메탄은 생물과 관계없는 과정을 거쳐 생성되기도 하기 때문에 메탄이 있다고 해서 반드시 생물이 존재하는 것은 아닙니다.

또 하나 메탄이 중요한 점은, 적은 양으로 강한 온실 효과•를 일으키기 때문에 화성의 대기 온도가 올라가서 지표면에 물이 존재할 수 있는 조건이 만들어질 수 있다는 것입니다. 이러한 까닭에 메탄이 화성에 있는지 혹은 과거에 있었는지는 기후 시스템을 이해하는 데에도 매우 중요한 핵심 요소입니다.

• 온실 효과 대기 중 수증기, 이산화탄소, 오존 등이 지표에서 우주 공간으로 향하는 적외선을 흡수해서 지표의 온도를 높게 유지하는 작용.

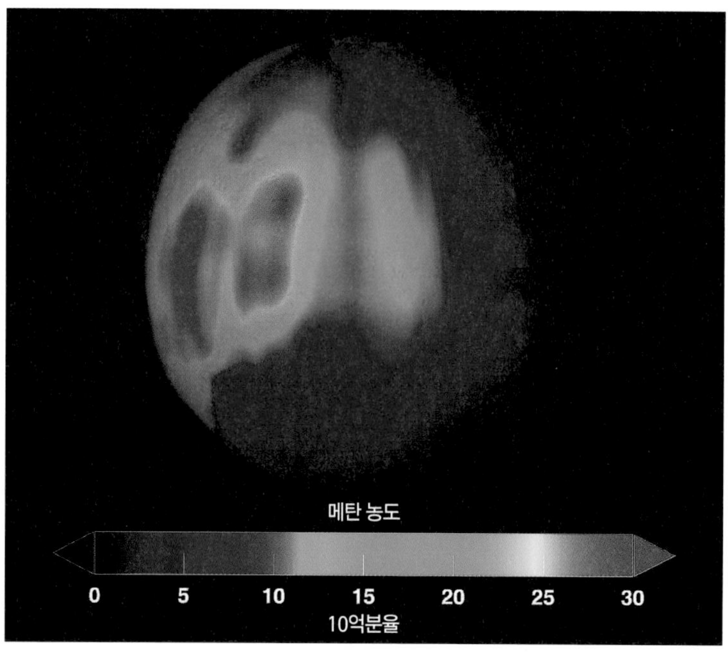

2009년 NASA를 중심으로 한 연구 그룹이 발견했다고 보고한 화성 대기 중의 메탄 농도 분포.
제공: NASA/Goddard Space Flight Center Scientific Visualization Studio

칼럼 4 지금은 액체 상태의 물이 없나요?

아직 모릅니다. 화성의 기압(지구의 100분의 1 이하)과 온도(영하 30~20도 정도)는 표면 부근에서 물의 삼중점(수증기, 물, 얼음의 세 가지 상태가 공존할 수 있는 점)에 가깝습니다. 그래서 고도가 낮은 헬라스 분지의 내부 같은 곳은 기압이 조금 높기에 낮에 따뜻하다면 물이 액체로서 존재할 수 있는 조건이 갖춰집니다.

1990년대에 위성 사진의 해상도가 높아지면서 화성 표면에 물이 흘렀던 것처럼 보이는 하천 지형이 많이 발견되었습니다. 이런 지형은 크레이터의 내벽 같은 곳에서 자주 발견됩니다. 하천 지형은 아무리 살펴봐도 물이 흘러서 형성된 것 같습니다. 언뜻 보면 별로 침식이 진행되지 않았고, 아주 최근에 형성되었을 가능성도 있지요. 그 때문에 현재 화성의 대기 조건에서 물이 흐를 수 있는지에 대해 토론이 벌어지고 있습니다.

그런데 하천 지형은 화성 표면에 매우 넓게 퍼져 있고 온도와 기압 조건을 따졌을 때 물이 존재할 수 없는 지역에서도 발견됩니다. 만일 하천 지형이 정말 물에 의해 만들어졌다면, 어떤 식이든 물이 얼지 않게 하는 원리가 있는 게 틀림없습니다.

또 다른 가능성은 소금입니다. 눈이 많이 내리는 지방에서는 도로가 얼지 않도록 소금을 뿌리곤 하는데, 이처럼 소금에는 얼음의 녹는점을 낮추는 효과가 있습니다. 이러한 사실에서 화성의 물이 사실은 소금물이 아닐까 하는 가설도 있습니다.

3D

크레이터 내벽에 보이는 하천 지형. 물이 흐른 흔적으로 추측된다(14.3N, 15.6E).
크레이터의 지름은 약 3킬로미터이다.
제공: NASA/JPL/University of Arizona(ESP_025346_1945, ESP_024924_1945)

귀환 후의 재활 운동

육 개월 동안의 긴 여행을 마치고 무사히 지구로 귀환한 마쓰이와 가이드. 호텔에서 파는 화성의 현무암을 선물로 정한 마쓰이는 크게 만족했습니다.

긴 여행이었지요. 별 탈 없이 무사히 돌아왔네요.
덕분에 아주 즐거운 여행이었어요. 감사합니다.
오랫동안 우주에 있었기 때문에 건강 검진을 받아야 합니다. 특히 우주선(宇宙線)에 노출된 양과 더불어 중력이 작은 환경에 있는 동안 뼈가 받은 영향을 확실히 알아봐야 한답니다.
예.

건강 검진을 받는 동안, 마쓰이와 가이드는 이런저런 이야기를 나눴습니다.

저기, 인간이 화성에 갈 수 없었을 때 연구자는 위성 사진이나 수치 계산만으로 화성을 연구했나요?
아니요, 그것만은 아닙니다. 지구에서 유인 탐사에 대비한 훈련을 하거나, 화성과 환경이 닮은 장소를 찾아 지질 조사를 하기도 했지요. '비교 행성 지질학'이라는 학문 분야인데요. 제 할아버지가 화성의 매력에 이끌려 지구의 오지를 돌아다니면서 조사를 하기도 했답니다.

와, 재미있겠네요. 더 자세히 들려주세요.

알겠습니다. 할아버지의 수기를 보면…….

3. 화성과 유사한 환경으로 떠나는 여행

비교 행성 지질학

마쓰이와 가이드가 함께한 여행은 어떠셨나요? 이와 같은 여행은 아직 먼 미래의 일일 겁니다. 그러나 실은 지구에도 화성과 지형이나 지질이 비슷한 장소가 있기 때문에 이러한 장소를 조사함으로써 화성의 역사에 대한 단서를 얻을 수 있습니다. 이와 같은 학문을 '비교 행성 지질학'이라 부릅니다. 현재 화성의 표면은 건조하고 굉장히 춥습니다. 지구에서 비슷한 장소를 찾는다면 주로 사하라 사막 같은 사막 지대나 시베리아와 남극 대륙 같은 극지방이 꼽히지요. 행성 지질학자는 화성 표면에서 일어난 진화의 단서를 얻기 위해 이런 곳을 조사합니다.

대체로 오지에 가기 때문에 무엇을 조사할지 빈틈없이 검토해야 합니다. 장소에 따라서는 가까이에 마을이 없어서 물자 보급이 어려운 탓에 짧게 머물러야 하기 때문입니다.

준비를 마치면 실제로 조사에 나섭니다. 깊이 생각해서 준비한 조사는 대체로 순조롭게 진행됩니다. 무언가 예상치 못한 일이 일어나도 곤경에서 벗어날 방법을 여러 가지 준비한 덕에 목적을 달성할 수 있는 것이지요. 이것은 소행성 탐사선인 '하야부사'•의 성공으로 알 수 있듯 행성 탐사를 할 때도 마찬가지입니다.

지금부터 우리가 여태까지 조사했던 장소 중 몇 군데를 소개하겠습니다.

• **하야부사** 2003년 발사되어 세계 최초로 달 이외의 천체에서 표토를 수집해 지구에 가지고 돌아온 일본의 소행성 탐사선.

별표(★)로 표시한 곳이 비교 행성 지질학 조사가 이루어지고 있는 장소이다.

조사 여행기 1 고비 사막은 화성과 꼭 닮았다

고비 사막은 중앙아시아에 펼쳐진 건조 지대입니다. 그런 고비 사막에도 실은 과거에 커다란 호수나 강이 있었다는 사실이 알려지기 시작했습니다. 고비 사막에 오래된 호안선● 지형이 있는데, 이 지형을 화성에 호수와 바다가 존재했음을 증명하는 지형과 비교하며 연구할 수 있습니다. 또한 과거에 빙하가 흘러갔던 산악 지대도 있어서 화성에 있는 빙하의 흔적과 비교할 수 있지요. 즉 고비 사막을 조사함으로써 화성의 환경이 변해 온 역사를 연구할 수 있는 것입니다.

살아 있는 식물이 거의 없는 고비 사막의 풍경을 보고 있으면 화성과 닮은 곳을 여행하는 듯한 기분이 듭니다. 모험이라고 할 만한 실제 조사 모습을 소개하겠습니다.

조사는 너무 덥지도 춥지도 않은 봄과 가을, 아주 짧은 기간에 이루어집니다. 몽골의 수도인 울란바토르에서 현지까지는 장소에 따라서 가는 데만 일주일 정도 걸리는 대장정이지요. 차는 물론 사륜구동으로, 차가 고장 나면 생명이 위험해질 수도 있어 조심해야 합니다. 그래서 운전수는 운전과 수리 모두 전문가여야만 합니다. 출발할 때는 차에 짐을 가득 싣습니다. 물조차 구할 수 없는 지역도 있기 때문에 조사 기간 중에 필요한 양을 챙겨 가는 것이지요.

고비 사막에서 살고 있는 유목민은 '게르'라 불리는 텐트에서 생활합니다. 게르는 분해해서 갖고 다닐 수 있는 집으로 고비 사막

● 호안선 호수의 기슭을 이루는 선.

언덕의 중턱에 평행하게 있는 테라스 모양의 오래된 호안선. 호안선이 두 겹이라는 점으로부터 호수의 수심이 얕을 때와 깊을 때로 최소 두 차례 이상 변했다는 사실을 알 수 있다.

고비 사막에 사는 유목민의 게르와 그들이 타고 다니는 말. 마치 화성 기지를 연상케 한다.

말라 버린 강의 밑바닥. 건조한 고비 사막에도 예전에는 강이 흘렀다.

의 혹독한 환경도 견뎌 냅니다. 화성에 설치할 기지도 이처럼 이동이 가능하고, 외부의 혹독한 환경으로부터 인간을 지킬 수 있어야 할 것입니다.

현지에 도착하면 베이스캠프 설치가 가장 먼저 해야 하는 일입니다. 이곳에서 휴식, 식사, 취침은 물론 매일 계획을 세우고 데이터도 해석해야 하기 때문에 장소 선정이 매우 중요하지요. 바람에 대한 걱정도 있습니다. 어떤 날에는 강한 바람이 하루 종일 불거든요. 바람에 날려 오는 모래 입자가 얼굴에 닿으면 아프기도 하고, 날마다 바람이 계속되면 기분도 가라앉아 버리지요. 더욱 힘든 때는 더운 날입니다. 바람을 피하려고 텐트에 숨어도, 그 안이 40도를 넘는 불지옥이거든요!

생활도 뜻대로 되지 않는 환경에서 조사하기 때문에 효율이 매

조사 시작. 꼭 화성을 걷고 있는 것만 같다.

우 중요합니다. 여러 그룹으로 나누어 다양한 조사를 동시에 진행하지요. 어떤 날은 휴식일로 삼습니다. 모래 폭풍이 불 듯한 날은 밖에 있는 것도 위험하기 때문에 베이스캠프에서 가만히 대기합니다. 자연환경이 혹독한 곳에서 하는 조사는 항상 상황이 변하기 때문에 치밀한 계획과 더불어 유연한 계획 변경도 필요합니다.

이러한 조사에는 능력 있고 신뢰할 수 있는 동료가 필요합니다. 아무리 좋은 장비가 있고 준비가 철저하더라도, 동료에게 문제가 있다면 여러 가지 사고가 발생할 위험이 높아지니까요.

앞서 말한 사항들은 화성 유인 탐사와도 연결되는 점이 있습니다. 우리들은 현지답사를 하며 화성과 비슷한 환경이 어떻게 형성되었는지 알아보기도 하지만, 조사하는 과정에서 앞으로 이뤄질 화성 유인 탐사에 도움이 될 다양한 체험을 한다고 할 수 있습니다.

조사 여행기 2 얼음 아래 화산—극한의 시베리아에서 조사하다

고비 사막을 화성의 건조 지대와 비교할 수 있다면, 한랭 지대는 극한의 땅인 시베리아와 비교할 수 있습니다. 이곳에는 기묘한 형태의 화산이 존재하지요.

시베리아 남부, 러시아 연방 내 투바 공화국의 동부에 있는 아자스 고지에는 탁자 같은 형태를 한 세계적으로도 진기한 화산(전문 용어로는 '빙저 화산'이라고 부릅니다)이 여기저기에 흩어져 있습니다. 왜 이런 평평한 모양을 하고 있는 걸까요? 자세히 설명하기에 앞서 간단히 말하자면, 얼음 아래에서 용암이 분출하면서 만들어진 특수한 화산이기 때문입니다.

아자스 고지는 지역에 따라 해발 2,000미터를 넘기도 합니다. 이곳은 빙하 시대에 넓게 얼음으로 덮여 있었고, 현무암질의 화산 활동도 간헐적으로 일어났다고 추정합니다. 이와 같은 장소는 그 외에 아이슬란드, 캐나다, 알래스카, 남극에도 있지요.

빙하와 화산이 동시에 존재하는 이 지형은 태곳적 화성에서도 흔하게 눈에 띄었을 것이라고 합니다. 실제로 화성에서 빙하와 화산의 상호 작용으로 형성된 것 같은 지형을 몇 군데 찾아냈습니다. 화성에서 과거에 어떤 화산 활동이 일어났고, 어떻게 빙하와 상호 작용하여 어떠한 흔적을 남겼는가. 그 단서를 얻기 위해 우리들은 아자스 고지를 목적지로 삼았습니다.

변변한 길조차 없는 아자스 고지에 가려면 헬리콥터를 타거나,

아자스 고지에 있는 빙저 화산 중 하나인 프리오제르니 산. 빙하는 오래전에 사라졌고, 화산 활동도 일어나지 않는다.

카라반•을 조직해 가장 가까운 마을에서 닷새에 걸쳐 말을 타고 가는 수밖에 없습니다. 모험을 좋아하는 연구자가 선택한 것은 물론 카라반! 아니, 솔직히 말하면 가난한 연구자에게는 이것밖에 선택의 여지가 없습니다.

육로로 아자스 고지에 들어가려면, 고산 지대의 고개를 몇 개나 넘어야만 합니다. 하지만 역시 시베리아입니다. 이런 고개는 일 년 중 십일 개월은 바람과 눈 때문에 폐쇄되어 말을 타고 가도 통행이 불가능합니다. 그 때문에 조사할 수 있는 기간은 7월 한 달에 불과하지요.

• **카라반** 사막이나 초원처럼 교통이 발달하지 않은 지방에서 낙타나 말에 짐을 싣고 무리 지어 다니던 상인 집단.

도중에 가파른 산악 지대, 광활하고 습도 높은 초원, 얼음장처럼 차가운 강 등 이런저런 장애물을 차례차례 맞닥뜨리고, 폭풍이나 모기떼에 습격당하기도 합니다. 이런 고난 끝에 탁자 모양의 빙저 화산이 보이기 시작하면 놀라운 동시에 감개무량하지요.

그렇다면 아자스 고지의 빙저 화산을 조사해서 대체 무엇을 알아낼 수 있을까요? 바로 빙하 시대에 이 지역에 있던 빙상(빙하 중에서도 가장 크게 펼쳐진 것)의 두께를 알 수 있습니다. 지금은 사라지고 없는 빙상의 두께를 알 수 있는 이유를 설명하겠습니다. 중요한 단서는 탁자 형태에 있습니다.

빙상처럼 두꺼운 얼음 아래에서 마그마가 분출하면 용암이 아주 빠른 속도로 냉각됩니다. 이때 하이알로클라스타이트

얼음장처럼 차가운 강을 몇 번이나 건넌다. 말에서 떨어지면 큰일이다.

길조차 없는 여정은 무거운 짐을 날라야 하는 말들에게도 가혹하다.

(hyaloclastite), 즉 유리쇄설암이라 불리는 산산이 깨진 형태의 특수한 유리질 화산암이 생성됩니다.

유리쇄설암은 처음에는 얼음을 녹이면서 빙상 안에 쌓입니다. 그런데 마그마가 계속 분출되면, 이렇게 쌓인 산이 빙상의 정상까지 닿습니다. 점성이 낮고 매끈한 용암이 분출되기 때문에 더 높이 솟은 산을 만들지 않고, 빙상의 정상 주변에 고인 채 꼭대기는 평평하고 옆면은 경사가 급한 탁자 모양의 화산이 되는 것이지요. 현실에서 이렇게 이상적인 탁자 모양으로 만들어지는 경우는 아주 드물고, 이런저런 작용에 의해 화산들의 형태가 제각각으로 다양해집니다.

빙상이 있던 곳까지는 용암이 빨리 냉각되어 유리쇄설암이 생

유리쇄설암은 용암이 빠르게 냉각해서 만들어지는 암석으로 화성에도 많이 있을지 모른다. 사진 중앙에 있는 것은 자인데, 어두운색 세로 막대의 길이는 10센티미터이다.

성되고 그보다 높은 곳에서는 냉각 속도가 떨어져 다른 화산암이 생성되기 때문에 지면과 유리쇄설암층의 최고 높이의 차이가 빙하 시대에 있었던 빙상의 두께라고 추정할 수 있습니다. 연구 결과 옛날 아자스 고지에 있었던 빙상의 두께는 최고 300~600미터나 되었던 것으로 보입니다. 그리고 아자스 고지에 있는 다른 화산이 형성된 연대를 측정해서, 이 고지가 마지막으로 얼음에 넓게 덮여 있던 것이 약 5만 년 전이라는 사실도 알게 되었지요.

언젠가 사람이 직접 화성을 탐사하게 되면, 처음으로 발견하는 암석은 우리들이 시베리아에서 보았던 유리쇄설암일지 모릅니다. 유리쇄설암을 찾는다면, 옛날 화성에 있었던 빙상의 두께를 추정할 수 있겠지요. 우리들이 머나먼 시베리아까지 가는 것은 언젠가 하게 될 유인 탐사를 대비해 기초 정보를 쌓기 위해서이기도 합니다.

조사 여행기 3 인도 현무암 대지에 생긴 충돌 크레이터

화성의 대표적인 지질 구조 중 하나로, 소행성이나 혜성이 충돌하면서 생긴 크레이터를 듭니다. 화성은 대부분 현무암으로 덮여 있어서 램파트 크레이터처럼 지하에 얼음이나 물이 있는 환경에서 충돌이 일어나 만들어지는 크레이터(충돌 분출물이 진흙처럼 흘러 꽃잎 모양의 지형을 형성)가 많이 존재합니다. 크레이터의 바닥에는 한때 그곳이 호수였음을 보여 주는 퇴적물도 있지요.

사실은 비슷한 환경에서 형성된 크레이터가 지구에도 딱 한 곳, 인도의 로나라는 작은 마을에서 발견되었습니다. 우리들은 이제 막 이 크레이터를 조사하기 시작한 참입니다. 로나 크레이터는 지름이 2킬로미터 정도로 약 50만 년 전에 데칸 고원이라는 현무암

로나 크레이터의 가장자리 위에서 내려다본 광경. 크레이터의 지름은 약 2킬로미터이다.

크레이터의 호숫가에 있는 사원.

대지 위에 생겨났습니다. 게다가 램파트 크레이터와 비슷하게 충돌 분출물이 꽃잎 모양으로 퍼져 있지요. 그리고 내부에는 호수가 있습니다. 이곳을 조사하는 것은 태곳적 화성에서 만들어진 충돌 크레이터를 지구에서 조사하는 것이나 마찬가지라, 전 세계 행성 지질학자들의 관심이 집중되고 있습니다.

평탄한 대지에 갑자기 출현한 이 크레이터는 옛날부터 악마가 사는 구멍이라고 여겨져서, 힌두 신이 그 악마를 퇴치했다는 전설이 전해지고 있습니다. 그리고 호숫가 여기저기에 천 년 전에 세워진 사원이 있지요. 옛사람들은 이 구멍이 천체가 충돌해서 만들어졌다는 사실을 몰랐던 듯하지만, 두려움을 품고 대했다는 사실은 매우 흥미롭습니다.

조사 여행기 4 그리고 일본, 아소 산

지금까지 소개한 장소는 연구자가 아니고서야 가기 어려운 오지뿐이었습니다. 좀 더 편하게 갈 수 있는 장소에서 화성의 분위기를 맛볼 수는 없을까요? 사실 일본에도 여러 곳이 있습니다. 그 예로 구마모토 현의 아소 산을 소개하겠습니다. 109면의 사진 중 위쪽은 아소 산의 스나센리 해안이고, 아래쪽은 마스 패스파인더 탐사선이 촬영한 화성 표면입니다. 만일 우리가 그런 사정을 모르는 채 두 사진을 흑백 처리해서 보았다면, 어디가 화성이고 어디가 아소 산인지 구별하지 못했을지도 모릅니다.

규슈 중부 벳푸에서 아소, 그리고 운젠을 잇는 선 위를 벳푸-시마하라 지구대•가 통과합니다. 간단히 말해 규슈는 남과 북으로 나뉘어서 넓게 펼쳐져 있는데, 이 지구대가 남북의 경계선에 해당하지요. 그 탓에 이 지역에서는 화산 활동이 활발하게 일어납니다. 물론 수백만 년에 걸쳐 천천히 확장된 지형이라 그 틈에 빠질 염려는 없습니다. 화성에도 지구대가 많이 있기 때문에 이곳은 화성 표면의 역사를 재구성하는 데 중요한 장소입니다.

아소 산의 화구에서 스나센리 해안까지 걸어갈 수도 있습니다. 2011년에는 여기서 행성 탐사 로봇의 주행 시험도 했을 정도로 화성의 표면과 환경이 비슷해서 전문가도 주목하고 있지요. 산책로를 걸으면 화성에 온 듯한 기분을 맛볼 수 있습니다. 시간이 있으

• **지구대(地溝帶)** 단층 사이에 함몰된 낮은 지대가 길게 연속적으로 나타나는 지형. 지구, 즉 열곡보다 훨씬 규모가 크다.

면 벳푸에서 아소까지 차로 드라이브해 보는 것도 좋습니다. 벳푸에서 지옥 온천을 관광하며 이화산을 직접 볼 수도 있지요.

3D

아소의 스나센리 해안(위쪽). 마스 패스파인더 탐사선이 화성의 아레스 계곡 부근에서 촬영한 사진(아래쪽).
제공: NASA/JPL(PIA00678)

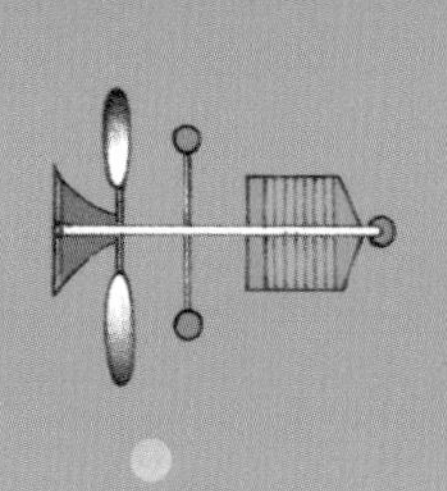

4. 언젠가 화성에 가는 날을 위해

국가사업으로서 화성 유인 탐사의 미래

화성은 우리에게 아직 먼 장소입니다. 지금껏 화성 유인 탐사 계획은 세워졌다 취소되기를 반복했습니다. 화성 유인 탐사가 좀처럼 실현되지 않는 가장 큰 이유는 막대한 비용이 들기 때문입니다. 앞으로는 어떻게 될까요? 지금부터는 각국의 우주 기관이 공동으로 운영하고 있는, 국제 우주 탐사 협력 그룹(ISECG)이 2012년에 합의한 계획표를 소개하겠습니다.

계획에서는 우선 달이나 지구에 접근하는 소행성에 착륙하는 것을 목표로 삼고 있습니다. 처음부터 화성이 목표인 것은 아니고, 가까운 장소부터 착륙 기술을 쌓아서 최종적으로 화성에 사람을 보내는 계획이지요.

이 계획표에 따르면 2020~2030년대의 목표는 달이나 소행성에 사람을 보내는 것입니다. 그와 더불어 달이나 소행성 탐사에 필요한 장비(차량 또는 우주복 등), 우주에서 오랫동안 체류하기 위한 시스템, 방사선 대책 등을 개발하며 화성 유인 탐사를 준비합니다. 우리들에게 친숙한 국제 우주 정거장에도 달이나 소행성에 가기 전에 기술을 개발한다는 역할이 있습니다.

그리고 화성 유인 탐사는 달이나 소행성에 착륙해서 얻은 경험과 기술을 바탕으로 2030년대부터 2040년대에 걸쳐 진행할 예정입니다.

이 계획표에는 최종적으로 화성에 가기 위해 이루어야 하는 중간 목표들도 나와 있습니다. 예를 들면 이런 것들입니다.

(1) 생명 탐색

(2) 인간의 생활권 확대

(3) 탐사 기술 개발

(4) 유인 탐사를 지원하는 과학 연구

(5) 경제 활동의 확대

(6) 우주, 지구, 응용과학의 연구 활동

(7) 일반 시민의 탐사 참여

(8) 지구의 안전 보장

이렇듯 생명 탐색과 같은 근원적인 주제부터, 지구의 환경 문제 혹은 인간의 건강 문제를 해결할 수 있는 기술을 개발하는 것까지도 이 계획의 목표에 포함됩니다.

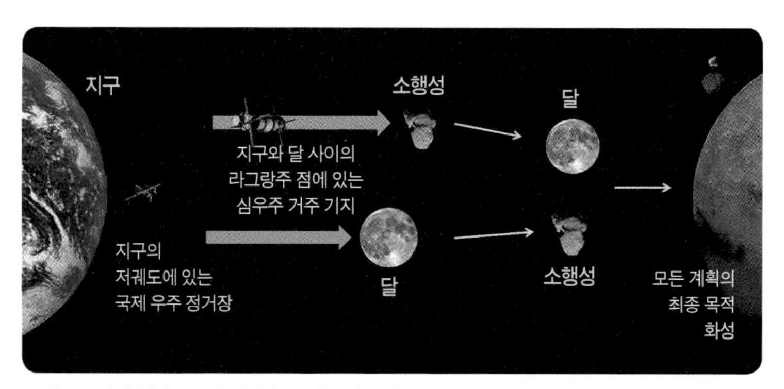

국제 우주 탐사 협력 그룹이 합의한, 화성 유인 탐사를 성공시키기 위한 과정. 우선 2030년대까지 달이나 소행성에 착륙하고, 2040년대에는 화성 유인 탐사를 실행한다는 계획이다.
제공: NASA, The Global Exploration Roadmap, International Space Exploration Coordination Group(ISECG), 2011

그렇다면 구체적으로 화성 유인 탐사를 위해 어떠한 준비가 이뤄지고 있을까요? 여러 가지 시도 중 '데저트 랏츠'(Desert RaTS, Desert Research and Technology Studies)를 소개하겠습니다.

국제 우주 탐사 협력 그룹이 합의한, 화성 유인 탐사를 성공시키기 위한 과정.
소행성 유인 탐사(위쪽)와 월면 탐사(아래쪽)를 상상한 그림이다.
제공: NASA, The Global Exploration Roadmap, International Space Exploration Coordination Group(ISECG), 2011

사막에서 유인 탐사 기술을 개발하다

데저트 랏츠는 NASA가 우주에서 유인 활동을 실행하기에 앞서 어떤 탐사 장비가 필요하고 그 장비를 어떻게 운용하면 될지 시험해 보는 프로그램입니다. 2011년에는 미국 애리조나 주 북부의 블랙포인트 용암 지대에서 시험이 이뤄졌지요. 이해에는 ESA도 참가했습니다.

시험은 지원 요원을 포함해서 100명 이상 참여할 정도로 규모가 컸습니다. 시험 팀은 현지에서 '로버'라 불리는 탐사 차량으로 이동하며 용암 지대를 조사했지요. 실제 상황과 똑같이 하기 위해 우주 비행사로 분장한 야외 요원(NASA의 현역 우주 비행사도 참여했습니다)이 카메라나 통신 장비 등이 달린 배낭을 짊어지고 이리저리 걸어 다니며 노두와 전석•을 관찰하고 시료를 채취했습니다.

이렇게 야외에서 조사하는 모습은 카메라나 음성 통신기를 통해 휴스턴의 NASA 우주 센터나 네덜란드에 있는 ESA 우주 센터에 전달되어, 각 센터에 모여 있는 지질학자 등 과학자들과 관찰 결과나 조사 방침을 상의하며 탐사를 계속했습니다. 이때 통신은 일부러 시간 차를 두고 진행합니다. 화성이나 소행성 같은 천체는 지구와 멀리 떨어져 있어서 한 번 교신하는 데 시간이 걸리기 때문입니다. 이런 상황까지 가정하고 시험을 하고 있습니다.

실험을 하다 보면 어떤 장비가 유인 탐사에 중요한지 단서를 얻을 수 있습니다. 화성과 비슷한 사막 지대에서는 건조한 공기나 먼

• **전석(轉石)** 암반에서 떨어져 물 등에 의해 원래 위치에서 밀려 나간 돌.

데저트 랏츠에 투입된 로버.
제공: NASA

지가 탐사 장비에 큰 부담을 주기도 합니다. 물론 화성에는 도로 같은 것이 없기 때문에 탐사 차량은 어떠한 곳도 이동할 수 있도록 성능을 높여야 하지요.

탐사 순서를 미리 연습한다는 면에서도 데저트 랏츠는 중요합니다. 정해진 시간과 혹독한 환경에서 가능한 많은 성과를 올리려면 어떤 길을 거쳐, 어디에서, 얼마나 시간을 쓸 것인가 같은 순서를 정해야 하지요. 순서를 짤 때는 실제 상황에서 중요한 요소인 탐사 차량의 이동 성능, 우주복을 입고 활동할 수 있는 시간, 먼지 폭풍에 대한 대처 방안 같은 것도 고려해야 합니다.

NASA와 ESA의 우주 센터에 모인 지질학자에게도 이러한 경험은 귀중합니다. 지질학자는 보통 야외에서 자유롭게 노두를 보며 돌아다니거나 시료를 채취합니다. 그런데 데저트 랏츠에 지원 요원으로서 참여한 지질학자의 임무는 현지에서 우주 센터의 모니터로 보내오는 사진을 해석하거나 야외 활동 중인 요원과 교신하는 것입니다. 시시각각으로 변화하는 환경을 판단해서 우주 비행사에게 지시를 내려야만 하지요. 현지의 정보가 단편적이고 교신 장애 등도 있기 때문에 매우 어려운 일입니다. 물론 우주 비행사를 위험에 빠뜨릴 수 있는 지시는 절대로 피해야 하고요. 노두의 관찰 결과나 채취한 시료를 기록하는 일도 현지 요원 대신 지질학자가 원격으로 수행합니다. 현지에서 채취한 암석과 토양은 미리 설치해 둔 고정 기지로 옮겨집니다. 그 후 기지 내의 실험실에서 지질학자들과 긴밀하게 교신하며 시료를 분석하지요.

우주 비행사들이 지질 조사 시뮬레이션을 하고 있다.
제공: NASA

나중을 생각한다면, 실제로 화성을 탐사할 때 기지에 있는 지질학자도 마치 현지에 있는 것처럼 정보를 얻을 수 있도록 도와주는 가상 현실 기술을 모색해야 합니다. 예컨대 현지에서 보내오는 영상 정보를 바탕으로 그 장소의 풍경을 재현하는 방을 만들거나, 지질학자의 움직임을 그대로 따라 하는 인형(人形) 로봇을 투입해서 흡사 현지에서 조사하는 것처럼 꾸미는 등, 응용할 수 있는 예는 여러 가지 있습니다. 그러기 위한 훈련도 데저트 랏츠에서 해 봐야겠지요. 통신에 시간이 걸리는 문제를 극복한다면, 가상 현실 기술은 장래 화성 탐사에 도움이 될 큰 잠재력을 품고 있다고 할 수 있습니다.

네덜란드 북해 연안의 도시 노르드비크에 있는 ESA 우주 센터의 제어실. 데저트 랏츠의 현지 요원과 교신하면서, 지구에 있는 지질학자들이 달, 행성, 소행성에서 지질을 조사하는 우주 비행사를 지원하는 상황을 가정하여 연습하고 있다.

우주여행, 여기까지 와 있다

화성에 여행을 가는 것은 아직 먼 미래의 일이겠지만, 잠시 지구의 대기권을 벗어나 우주로 나가는 것은 가까운 미래에 누구든 경험할 수 있을지도 모릅니다. 우주여행을 최초로 실현할 곳은 아마도 민간 회사 버진 갤럭틱•일 겁니다.

그들의 계획에 따르면 모선에 실린 우주선은 고도 16킬로미터 부근에서 분리되어 로켓 엔진으로 110킬로미터 상공까지 올라갑니다. 탄도 비행이기 때문에 궤도를 돌 수는 없지만, 몇 분 동안 무중력을 체험할 수 있지요. 실제로 미국 뉴멕시코 주의 사막에 우주항 '스페이스포트 아메리카'를 건설 중이고, 승객은 그곳에서 우주로 여행을 떠나게 됩니다.

가격은 현재 20만 달러 정도입니다(약 2억 2천만 원). 결코 싸지는 않지만 그래도 최고급 자동차보다는 저렴하지요. 이미 이 정도 가격으로 우주에 갈 수 있는 시대가 다가온 것입니다. 여행사가 늘어나 가격 경쟁이 일어나면, 비로소 우리도 가벼운 마음으로 우주에 갈 수 있게 될지 모릅니다.

• **버진 갤럭틱** 영국의 버진 그룹 계열사인 민간 우주 여행사. 다만 2014년에 시험 비행 중이던 로켓이 폭발하는 사고를 겪었다.

부록

화성 사진을 보는 방법

화성 사진을 손쉽게 보려면 구글 어스를 사용하면 됩니다. 지금부터 윈도우 운영 체제가 설치된 컴퓨터에서 화성 사진을 보는 방법을 소개하겠습니다. 구글 어스를 실행하고, 123면 위쪽 사진의 ①에 있는 '화성'을 클릭하면, 화성의 사진을 표시할 수 있습니다. 고도에 따라 다른 색으로 표시된 지형 데이터를 보고 싶다면, 화면 왼쪽에서 ②의 'Colorized Terrain'을 선택하면 됩니다. 그리고 마치 화성의 땅 위에 서서 보듯이 화성 표면을 표시할 수도 있습니다. ③에 있는 위아래 방향의 화살표를 누르면 내가 바라보는 시선의 각도를 화성 표면과 평행하게 만들 수 있습니다. 지형이 3차원으로 잘 표시되지 않을 때는 ④의 '도구'에서 옵션을 선택하고, '3D 보기' 탭의 '3D 이미지 사용' 항목이 선택되어 있는지 확인한 다음, '고도 배율 설정'의 숫자를 3에 가깝게 해 보십시오.

14면의 일정표에 쓰여 있는 위도와 경도의 수치를 ⑤에 입력하면 각 지점의 사진을 볼 수 있습니다.

2005년에 발사된 화성 정찰 위성에 탑재된 고해상도 과학 영상 촬영 장비 '하이라이즈'(HiRISE)의 가시광 카메라는 최고 가로세로 25센티미터를 1픽셀에 담아내는 놀라운 해상도로 화성 표면을 촬영하고 있습니다. 구글 어스에서 하이라이즈 사진을 보려면 ⑥의 'Spacecraft Imagery'에서 'HiRISE Image Browser'를 클릭합니다. 그러면 123면의 아래쪽 사진처럼 하이라이즈 사진을 볼 수 있는 장소가 붉은 사각형으로 표시됩니다. 붉은 사각형의 중심을 클릭하면 사진의 자세한 정보가 나타나고, 그 창의 사진을 클릭하면 124면에 있는 사진처럼 하이라이즈 홈페이지로 연결됩니다.

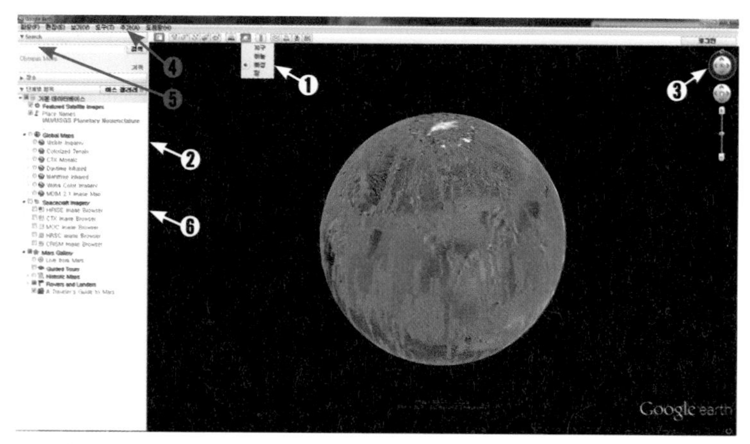

구글 어스로 화성을 표시한 모습.

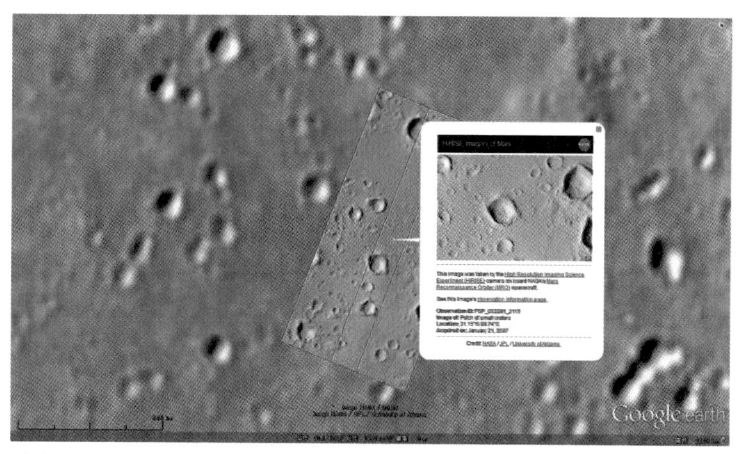

하이라이즈 사진이 있는 장소를 확대하면 이처럼 붉은 사각형이 나타난다. 붉은 사각형의 중심을 클릭하면 사진의 상세한 정보를 볼 수 있다.

구글 어스를 통해 접속한 하이라이즈의 홈페이지.

⑦의 사진을 클릭하면 해상도가 낮은 하이라이즈 사진을 볼 수 있습니다. 만일 적청 안경으로 볼 수 있는 입체 사진이 있다면, ⑧에 'ANAGLYPHS'라는 표시가 있습니다. 다만 모든 사진이 입체적으로 볼 수 있도록 되어 있지는 않다는 점을 주의하십시오. 'ANAGLYPHS' 표시가 있는 경우 'Map-projected reduced-resolution(PNG)'와 같은 사진 형식을 선택하면 입체 사진을 볼 수 있습니다(단 파일 크기가 수십에서 수백 메가이기 때문에 내려받는 데 시간이 걸리기도 합니다). 그리고 ⑨를 클릭하면 입체 사진

의 목록을 볼 수 있어서 재미있는 사진을 찾을 때 편리합니다.

화성의 사진은 NASA 외에 ESA에서도 제공하고 있습니다. 예를 들어, 이 책에 실린 포보스의 사진은 ESA에서 제공하는 것입니다. 이러한 사진은 마스 익스프레스라는 화성 주변을 도는 위성이 해상도 약 10미터의 카메라를 사용해 촬영한 것입니다. 이 사진들은 ESA 홈페이지(http://www.esa.int/esaMI/Mars_Express/Index.html)의 'Mars Express Images'에서 검색할 수 있습니다.

마치며

인류가 화성에 가는 날은 미래에 반드시 올 것입니다. 그때 최초로 갈 사람으로서 파일럿과 의사, 그리고 지질학자가 틀림없이 뽑히겠지요. 화성의 환경을 조사한다는 것은 화성의 지질을 조사한다는 말과 다름없으니까요. 필자 중 한 사람인 고마쓰는 그렇게 생각하고 학생 시절에 지구와 행성 지질을 전공했습니다. 지금 역시 편도라도 좋으니 화성에 가 보고 싶다고 생각하고 있습니다.

인류가 화성에 내려선다는 것, 그 일은 1969년 달 표면에 아폴로 계획의 우주 비행사가 발을 내디딘 것보다 의미 있는 사건이 될지도 모릅니다. 인류가 화성을 목표로 삼은 중요한 동기 중에 '지구가 생명이 살 수 있는 유일한 행성인가?' 하는 생명의 근원에 관한 중대한 문제가 자리 잡고 있기 때문입니다. 그리고 화성에 대해 알게 된다면 지구에 대해서도 더욱 잘 이해하게 될 것입니다. 화성의 자원 개발도 커다란 동기가 되겠지요. 게다가 현대를 사는 우리에게는 화성을 여행해 보고 싶다는 희망도 중요한 이유가 될지 모릅니다.

국가가 주도하는 화성 유인 탐사가 정치·경제적인 이유로 늦어지는 동안, 어쩌면 관광이 목적인 화성 여행이 먼저 실현될지도 모르겠다는 생각이 듭니다. 이 책에서도 설명했듯이 지구와 가까운 우주 공간을 체험하는 관광 상품은 곧 실현될 듯합니다. 100억 엔(약 1천억 원) 이상을 내고 달 주변까지 가는, 그다음 단계의 관광도 이미 논의되고 있습니다. 그렇게 되면 화성에도 생각보다 빨리 민간 기업의 힘으로 가게 될지 모릅니다.

관광 여행 이후에는 화성에서 사는 시대가 올지도 모릅니다. 지금의 화성은 인류에게 가혹한 환경이지만, '테라포밍'이라는 기술로 화성의 대기 조건 등을 지구와 비슷하게 변화시킬 수 있을 것입니다. 또는 기계 공학이나 생물 공학을 응용해서 인간의 몸을 화성 환경에 맞도록 바꿔 버릴 수도 있겠지요. 과학 소설에나 나올 법한 이야기지만, 현대 과학 기술의 놀라운 발전을 생각해 보면 우리 같은 과학자라도 황당무계한 아이디어라고 치부할 수만은 없습니다.

화성을 사람이 직접 탐사하는 것은 우리 예상보다 상당히 늦어졌지만, 구글 어스처럼 화성 데이터를 보여 주는 프로그램이 등장한 것은 놀랄 만한 일입니다. 이 책의 제목을 '구글 어스로 떠나는 화성 여행'•이라 한 것은 최근에 일어난 정보 혁명의 대명사로 구글 어스를 꼽을 수 있고, 전문가도 다루기 어려웠던 화성 사진을 누구나 쉽게 이용할 수 있도록 만든 공이 크다고 생각했기 때문입니다.

필자 중 한 사람인 고토는 2008년에 『구글 어스로 보는 지구의 역사』(Google Earthでみる地球の歴史)라는 책을 썼습니다. 그 책의 후기에는 "현시점에서 달이나 화성을 대상으로 이 책과 같은 내용을 쓰는 것은 어렵다. 그것은 달이나 화성의 지형과 지질에 대한 연구가 아직 진행되고 있기 때문이다."라고 썼습니다. 그로부터 겨우 사 년 만에 화성을 소재로 이러한 책을 낼 수 있게 되리라고는 당시에는 상상하지도 못했습니다. 이것은 하이라이즈가 촬영한 초고해상도 사진을 이용할 수 있게 된 2007년 이후에 화성의 지형과 지질에 대한 연구가 크게 발전했을 뿐만 아니라 구글 어스로 화성의 사진을 간편하게 볼 수 있게 되었기에 가능했습니다.

이러한 정보 혁명은 인간의 지적 상상력을 눈에 띄게 향상시켰고, 우주 비행사나 과학자 같은 전문가를 통하지 않고도 누구든 쉽게 우주와 만날 수 있게 만들었다는 점에서 혁명적이라고 생각합니다. 정보 혁명과 함께 유인 행성 탐사를 준비하고 있는 현대는, 활판 인쇄가 발명되고 마르코 폴로의 『동방견문록』 같은 책이 널리 읽혔던 대항해 시대 직전의 유럽과 비교할 수 있을지도 모릅니다. 화성에 갈 수 있게 될 때까지, 여러분이 정보 혁명의 성과를 활

• **구글 어스로 떠나는 화성 여행** 2012년에 일본에서 출간된 이 책의 원제. Google Earthで行く火星旅行.

용해서 화성과 친숙해진다면 이 책을 쓴 우리들로서도 더할 나위 없이 기쁠 것입니다.

마지막으로 이 책을 쓰는 과정에서 이와나미쇼텐의 요시다 우이치 씨가 기획 단계부터 구성과 내용에 대해 많은 의견을 주셨습니다. 감사를 전하며 이 책을 마무리하겠습니다.

옮긴이의 말

우주로, 그리고 다시 지구로

○

이 책을 번역한 것은 2014년 한여름 찜통더위 속이었습니다. 원래 휴가철 사람 붐비는 곳에 가지 않는다는 주의지만 방구석에서 혼자 일하려니 책이 손에 잘 잡히지 않았습니다. 그런데 막상 첫 페이지를 열고 한 시간쯤 일을 하자 저도 모르게 더위를 잊어버렸습니다. 책을 옮기는 중간중간 적청 안경을 눈에 대 보며 '우와, 보인다. 보여!' 하고 감탄하기도 했습니다. 나중에 편집자가 한여름 휴가도 못 가고 번역하느라 애쓰셨다 위로의 말을 건네는데, 저는 화성에 휴가 잘 다녀왔다며 도리어 인사를 했습니다. 지난여름 저만큼 값진 여행을 한 사람이 또 있을까요?

『5일간의 화성 여행』은 화성의 역사와 연구사를 담은 책입니다.

저자는 과학 소설의 설정을 살짝 빌렸습니다. 2062년 한 고등학생이 화성으로 닷새간 여행을 떠난다는 것이지요. 여기서 닷새는 화성에 머무는 시간만이고, 거기에 화성과 지구를 왕복하는 데 일 년이 더 걸립니다. 겨우 닷새를 위해 일 년을 우주선 안에서 보내야 한다니 아득하지만 정말 화성에 발을 디딜 수만 있다면 그 정도야 감수할 수 있겠지요. 그날을 위해 우리가 준비해야 할 것은 화성, 아니 우주에 대한 무한한 동경과 호기심일 것입니다. 먼 훗날 화성에 가는 우주선을 탄 사람들 중에는 친구 따라 강남 가듯 별생각 없이 온 이가 있을 것이고, 어릴 때부터 화성을 동경하고 꿈꿔 오던 이도 있을 것입니다. 같은 비용과 시간을 들이는 여행이라도 각자 얻어 가는 경험과 감동이 같을 리 없습니다. 아는 만큼 보이고 보이는 만큼 느낀다지요. 『5일간의 화성 여행』은 몇십 년 뒤의 감동을 위해 지금부터 적립하는 적금 통장이 되어 줄 것입니다.

화성 여행이라고 하니 우주선과 우주복을 먼저 떠올리는 친구도 있을 겁니다. 그러나 그건 모처럼 떠난 해외여행에서 비행기와 기내식부터 신경 쓰는 것과 마찬가지입니다. 중요한 것은 내가 여행 가는 곳의 과거와 현재를 아는 것이겠지요. 화성에는 지구에 있는 것 같은 건축 문명은 하나도 없지만, 그 대신 땅의 생김새 하나하나에 우주의 움직임이 새겨져 있습니다. 소행성이 충돌한 흔적, 과거에는 바다였지만 지금은 바닥만 드러난 곳, 몇십억 년 동안 암석이 풍화된 지역, 물과 메탄이 있는 것으로 추정되어 생명의 흔적을 찾을 수 있지 않을까 기대되는 곳들을 둘러보다 보면, 지금 내가 화성을 여행하는 것인지 아니면 타임머신을 타고 아득한 과거

속 생명체가 나타나기 전의 지구를 보고 있는 건지 헛갈리곤 합니다. 사실 두 가지 모두겠지요. 화성에 대해 뭘 모르던 때 우리는 연체동물을 닮은 화성인이 지구를 침략하는 이야기에 공포를 품거나, 거꾸로 지구인이 화성을 정복하는 상상을 하곤 했는데, 실제 화성을 알고 나니 우리의 헛된 망상과 아무 상관 없이 고요한 매력에 더 빠져들게 됩니다. 그리고 그보다 더 놀라운 것은 이만큼 화성에 대해 많은 것을 연구한 사람들이 있었다는 사실입니다. 많은 이들이 화성인의 습격을 떠들던 때에도 과학자들은 조용히 화성을 관찰하고, 그곳의 사진을 찍을 우주선을 띄워 보내고, 저해상도 사진을 들여다보며 화성에서 무슨 일이 벌어졌을지 열띠게 토론했을 것입니다. 개미가 태산을 옮긴다는 말이 있습니다. 한 인간은 겨우 백 년도 못 사는 존재지만 이 미약한 인간들이 온갖 노력과 지력을 모아 우주의 비밀에 한 발짝씩 다가가고 있다는 사실은 화성 여행보다도 기적처럼 느껴집니다. 그리고 우주에 대해 알면 알수록 인간은 무한한 시공간 속에서 먼지 한 톨만큼 작고 유한한 존재임을 깨닫습니다. 『5일간의 화성 여행』은 화성의 신기한 풍광을 담은 과학책이지만 이 안에 담긴 지식과 정보를 쌓아 온 사람들을 떠올려 보면 문학 같기도 하고 철학 같기도 한 감동이 있습니다. 여러분 마음에도 그 감동이 깃들길 바랍니다.

2015년 1월

박숙경

창비청소년문고 14

5일간의 화성 여행

초판 1쇄 발행 • 2015년 1월 23일

지은이 • 고토 가즈히사·고마쓰 고로
옮긴이 • 박숙경
펴낸이 • 강일우
책임편집 • 김효근
펴낸곳 • (주)창비
등록 • 1986년 8월 5일 제85호
주소 • 413-120 경기도 파주시 회동길 184
전화 • 031-955-3333
팩시밀리 • 영업 031-955-3399 편집 031-955-3400
홈페이지 • www.changbi.com
전자우편 • ya@changbi.com

ISBN 978-89-364-5214-8 43440

* 책값은 뒤표지에 표시되어 있습니다.